大家一起学配色
COLOR SCHEMING

配色方案全能书
COLOR SCHEME LAYOUT

写给大家看的配色方案速查书

[日] 南云治嘉 著　　普磊 译

U0244630

中国青年出版社

本书的 3 大目标

在进行排版配色时，基本上需要使用3种技能。

从事排版工作的人，大多具备一定的色彩知识，但即使是这样，具体色彩适用时等也会让人束手束脚。如果过度依赖感觉，这种束手束脚的情况便会愈发严重，进而会对自己产生怀疑。因为每个人的感觉均有所差异，个体之间容易产生审美不同。

本书最终希望能够实现以下3大目标：

①首先，掌握色彩的基础，充实排版所需色彩知识。

②即使具备色彩知识，如果不理解其使用方法，排版的效果也会达不到预期的效果。因此，书中会对配色方法进行详细说明。

③为了获得预期效果，大量列举配色排版的范例，让人加深印象。

在此之前，市面上基本未出版过针对排版配色的相关书籍。希望本书能够帮助读者解决排版配色的相关问题。

熟练运用色彩

①色彩知识

这部分主要对数字色彩的基础知识进行说明，且包括部分配色基础知识。

从预期效果展开

②配色手法

详细说明能满足设计目标的配色方法及能有效实施的配色技巧。

目的及效果的分类

③配色排版的示例

在进行配色排版时，重点考虑配色位置及配色面积的参考意义。

配色排版的重要性

配色排版，是指同步进行配色及排版的技巧。

在设计工作中，配色大多在排版时进行。运用色彩的最大壁垒就是即使有现成的配色示例也难以判断如何配色和如何确定配色面积。根据排版方式的不同，即使是相同的颜色也会呈现出各种不同的效果。大多数情况下，都是通过感觉来处理这类工作。

感觉的世界极其模糊，未必能够满足客户的要求。在设计的世界中，如果不能得到客户和消费者的共鸣，则算不上好的设计。为了实现好的设计，极具说服力的配色排版必不可少。

本书使用了以色彩生理学为基础的"数字色彩"及"色彩形象图表"。并且，还在排版中应用了视觉心理学。力求通过具有科学依据的理论，实现极具说服力的配色排版。

◉ 色彩的面积及位置产生的差异效果

即便配色相同，仅上下颠倒也会改变形象。
红色位于上方存在压迫感，位于下方产生稳定感。

改变配色面积，则可强调这种颜色的性质。
位于上方起到强调效果，位于下方产生冲击感。

上方面积增加产生压制影响，色彩位于下方则增添优雅感。

正中央留白，色彩得以强调。色彩位于正中央，则能体现格调、风格。

目录

本书的3大目标 ·············· 002
配色排版的重要性 ·············· 003
数字色彩的时代 ·············· 008

Chapter.1　设计所需色彩基础

01　色彩是什么？ ·············· 010
02　色相的本质及其作用 ·············· 011
03　明度的本质及其作用 ·············· 012
04　彩度（饱和度）的本质及其作用 ·············· 013
05　RGB和CMYK的区别 ·············· 014
06　色彩形象图表的配合使用 ·············· 015
07　配色需要依据 ·············· 016
08　配色的高效化 ·············· 017
09　打动人心的色彩生理 ·············· 018
10　色彩的感知方式 ·············· 019
11　决定形象之后配色 ·············· 020

Chapter.2　排版的基础

01　四边形的原理 ·············· 022
02　点的作用 ·············· 024
03　信息排版 ·············· 026
04　存在优先顺序 ·············· 027
05　排版的组成要素 ·············· 028
06　排版的基本原则 ·············· 030
07　排版的目的及分类 ·············· 032
08　引导视觉的意识 ·············· 034
09　吸引目光的特性 ·············· 036

Chapter.3　配色的步骤及关键

01　确认配色目的 ……………………… 038
02　明确主题 …………………………… 039
03　设定形象 …………………………… 040
04　从调色板中选色 …………………… 041
05　色彩模拟 …………………………… 042
06　色彩调整 …………………………… 043
07　不受感觉影响 ……………………… 044
08　不受禁忌色彩束缚 ………………… 045
09　不受流行左右 ……………………… 046
10　注意太暗画面 ……………………… 047
11　避免太亮画面 ……………………… 048
12　注意闪烁画面 ……………………… 049
13　相邻色彩的对比度 ………………… 050
14　醒目色彩应限定在3处以内 ……… 051
15　吸引性强的色彩不只有红色 ……… 052
16　避免用黑色掩饰 …………………… 053
17　预判效果 …………………………… 054

Chapter.4　配色排版方法

01　整体形象全凭基调色 ……………… 056
　①　基调色：白　洁净感基调 ……… 058
　②　基调色：白　表现生机勃勃 …… 060
　③　基调色：白　体现未来事物 …… 062
　④　基调色：白　表现积极氛围 …… 064
　⑤　基调色：灰　表现自然色调 …… 066
　⑥　基调色：灰　表现融洽和谐 …… 068
　⑦　基调色：灰　一家人的形象 …… 070
　⑧　基调色：黑　正式感的形象 …… 072
　⑨　基调色：黑　怀旧感的形象 …… 074
　⑩　基调色：有彩色　利用重点色彩 … 076
　⑪　基调色：有彩色　强调事件性 … 078

02 存在强调信息 ·· 080

　① 主题 [重点色彩] ··· 082

　② 强调 [对比] ··· 084

　③ 夸张 [扩大面积] ··· 086

　④ 独立 [围框] ··· 088

　⑤ 形成动态 [倾斜 · 动态] ································· 090

　⑥ 说服 [运用视频] ··· 092

03 表现稳定感 ·· 094

　① 形成格调 [对称] ··· 096

　② 制造紧张 [左右平衡] ······································· 098

　③ 赋予希望 [上下平衡] ······································· 100

　④ 流畅阅读 [利用中心线] ··································· 102

　⑤ 增加厚重感 [形成面积] ··································· 104

　⑥ 感受平和 [水平视角及广度] ··························· 106

04 施加刺激感 ·· 108

　① 单纯刺激 [简洁] ··· 110

　② 强烈刺激 [放射] ··· 112

　③ 浓烈刺激 [暖色系] ··· 114

　④ 尖锐刺激 [冷色系] ··· 116

　⑤ 巨大刺激 [阴影及面积比] ······························ 118

　⑥ 穿透刺激 [透视图] ··· 120

05 营造美学效果 ·· 122

　① 赋予秩序 [形与色的统一] ······························ 124

　② 形成统一感 [同色系] ······································· 126

　③ 收敛 [控制色数] ··· 128

　④ 释放光亮 [高亮度色彩] ··································· 130

　⑤ 形成透明感 [纯色和清色] ······························ 132

06 注意活力 ················· 134

　① 表现节奏 [情绪活力] ········· 136

　② 强调色 [强调印象] ··········· 138

　③ 破格 [细致鼓动] ············· 140

　④ 分隔 [充分呈现] ············· 142

　⑤ 多色表现 [展现活力] ········· 144

07 装饰设计的应用 ········· 146

　① 底纹 ······················· 148

　② 框线 ······················· 150

　③ 植物花纹 ··················· 152

　④ 几何花纹 ··················· 154

　⑤ 镂空花纹 ··················· 156

　⑥ 华丽装饰 ··················· 158

Chapter.5　各种题材的配色启发合集

01 金融 ················· 160	16 航空 ················· 175
02 建设 ················· 161	17 超市 ················· 176
03 房屋 ················· 162	18 弹珠机 ··············· 177
04 休闲及体育 ··········· 163	19 日用品 ··············· 178
05 旅行 ················· 164	20 制药 ················· 179
06 汽车 ················· 165	21 通信销售 ············· 180
07 汽车用品 ············· 166	22 百货 ················· 181
08 通信及电波 ··········· 167	23 餐饮店及美食 ········· 182
09 IT相关 ··············· 168	24 酒馆 ················· 183
10 游戏 ················· 169	25 食品 ················· 184
11 手机 ················· 170	26 饮料 ················· 185
12 互联网广告 ··········· 171	27 化妆品 ··············· 186
13 家电 ················· 172	28 时尚 ················· 187
14 运输 ················· 173	29 印刷 ················· 188
15 零售 ················· 174	30 婚礼 ················· 189

色彩形象索引 ··········· 190

后记 · 参考资料及文献 ·········· 191

数字色彩的时代

现在已经是数字色彩的时代，其核心就是计算机。如果试着对计算机在我们生活中所发挥的作用进行整理，可知计算机的功能大致分为3个层面。

第1个层面是创造功能。创造产品、影音资料、项目、音乐。

第2个层面是交流功能。以互联网为主的通信功能是生活中不可或缺的部分。

第3个层面是管理功能。监控、监督、运转等管理功能支撑着现代社会的规范。

这些功能也有共通之处，也就是数字色彩。数字色彩应用于通过数字表现的所有事物中。

随着数字技术的普及，数字色彩的应用领域也逐渐增多。而且，数字色彩与传统意义的色彩概念难以套用。传统意义的色彩凭借感觉，但到了数字色彩时代，已成为依托科学技术的色彩。

明度的本质
及其作用

色彩分为明色和暗色，并通过"明度"区分。明度与电磁波的性质之一——时间相关，比如人类接受光亮，凭借生物时钟感知清晨或夜晚。光亮与阴影也有关系，人可根据阴影感知事物的存在。

◉ 明度代表过去、现在及未来

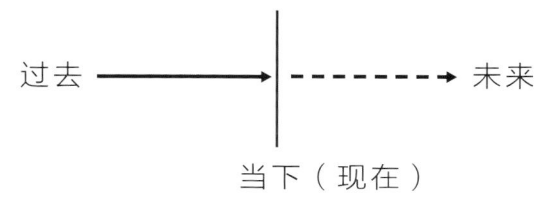

对于时间的认知是决定形象的基础。我们生活在当下，当下之前的时间就是过去，当下之后的时间就是未来。形象就存在于这三个时间段的某处。

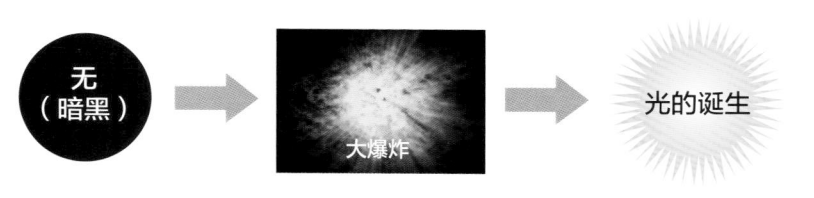

从宇宙层面宏观考虑，大爆炸就是基础。大爆炸之前是"无"，也就是连光都不存在的暗黑。大爆炸之后，光（白）得以诞生。从黑色中看到白色，白色就是未来。

◉ 时间的表示

日晷根据太阳方位的移动，随着其阴影的移动来表示时间，巧妙利用了时间和光的关系。清晨和傍晚，其阴影达到最长。当然，日晷在夜晚发挥不了作用。

Chapter. 1
02

色调（色相）的差异从何而来？

色相的本质
及其作用

　　传统的色彩依据三种要素，但数字色彩的相关说明则更为简洁。色彩就是电磁波，其依据就是人脑中能够将波长形成色调。

　　色调的差异就是电磁波对人脑带去刺激的差异。换而言之，红色及蓝色在人脑中的反应截然不同。所以，色相的差异对配色将产生极大影响。

◉ 色相就是波长（频率）

光谱

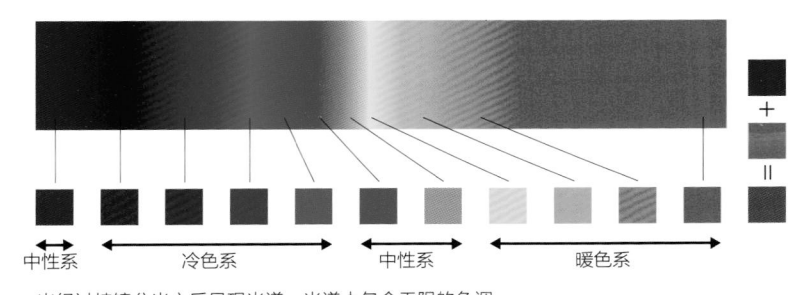

中性系　　冷色系　　中性系　　暖色系

光经过棱镜分光之后呈现光谱，光谱中包含无限的色调。
大多数情况下，选择其中11种色彩作为代表色调。

◉ 三原色以外的色彩及色料的混色

二次色（间色）

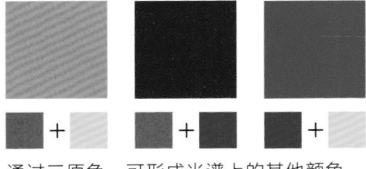

通过三原色，可形成光谱上的其他颜色。
三原色中，由2种色彩制作而成的色彩就是
"二次色"。

三次色（复色）

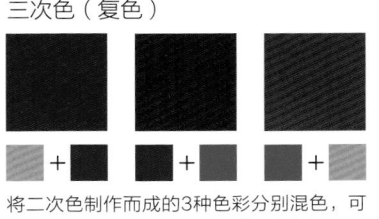

将二次色制作而成的3种色彩分别混色，可
形成光谱中没有的色彩，即"三次色"。

通过科学理解色彩的本质

色彩是什么？

1704年，英国科学家牛顿发表了《光学》，证明了色彩就是光。色彩源于自然光，通过棱镜将自然光分光之后会呈现出7色光谱，再用透镜将这7色收集就又能恢复为自然光。通过这个过程，一瞬间就看穿了色彩的本质。色彩的基础就是色光，光就是电磁波，即数字色彩。

◉ 色就是光（可见光），光就是电磁波

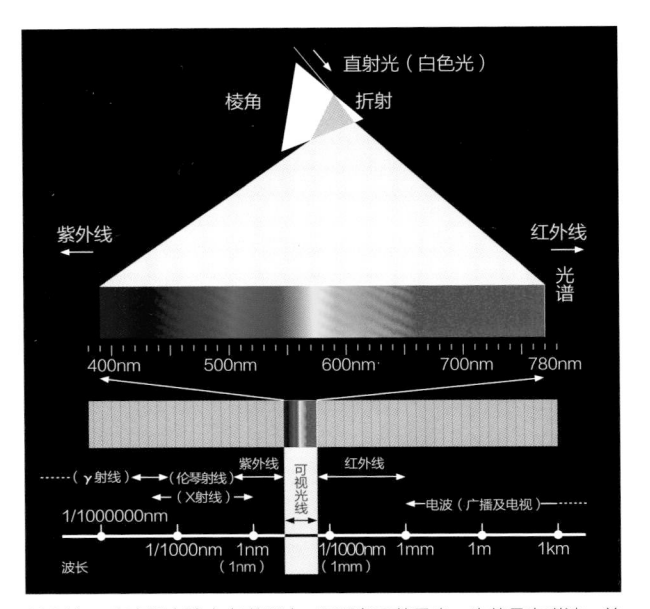

1864年，麦克斯韦建立电磁理论，证明色彩就是光，也就是电磁波。并且阐明，光谱是由380nm至780nm的波长所构成。在电磁波领域，仅这个范围内的波长可被人眼识别，所以称之为"可见光"。

色彩位于可见光范围内，光谱是指色彩的原色。通过这些色彩（波长）的组合，就能形成世间万物的色彩。除了电磁波，还有X射线、γ射线、紫外线、红外线、广播及电视的电波等。也就是说，色彩就是电波。

Chapter. 1

先理解色彩是什么

设计所需色彩基础

人类观察色彩的能力是与生俱来的，并在观察色彩的过程中成长，逐渐开始理解颜色，也就是经验积累而成的“感觉”。为了向更多人传递这种“感觉”，色彩基础必不可少。

color scheme

layout

design

Chapter. 1
04

色彩的鲜艳度如何产生？

彩度（饱和度）
的本质及其作用

色彩的鲜艳度就是彩度（饱和度）。彩度会因光的量及混色而产生变化，也包含光的强度，表示色彩的能量。光谱上的色彩表示该色彩的最高彩度。波长越长的色彩，其色彩能量也就越强，越容易引起人眼的关注。彩度越低，则其色彩的刺激越弱。

◉ 彩度就是色彩能量的强度

振幅与彩度等价

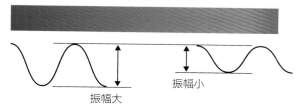

振幅大　振幅小

彩度产生的原因在于波长的振幅。振幅越大则色彩能量越弱，即色调减少。相反，如果振幅越小，色彩的鲜艳度增加。振幅继续增大，即接近无彩色。

波长与色相等价

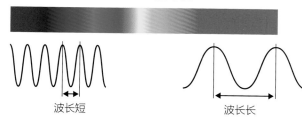

波长短　波长长

电磁能量强 ⟷ 电磁能量弱

最鲜艳的色彩就是无混合感的色彩，即"纯色"。彩度高的色彩鲜艳，但并不是所有色彩都能同等引起人眼的关注，而波长越长的色彩刺激越强。

紫 ＞ 红

紫色的物理电磁能量强。
红色的物理电磁能量弱。

◉ 空间感及立体感

物体接受光线之后，接受部位的色彩最为鲜艳，色彩能量最强。相反，阴影部分则会丧失色调，变得昏暗。所以，立体感与明度及彩度有关。

物质和光的色彩识别方式有所区别

RGB和
CMYK的区别

计算机的显示器及手机的画面通过色光发色，红、绿、蓝为三原色（RGB）。印刷品及绘画通过色料发色，青、品红、黄为三原色（CMY）。青色色料接触自然光之后吸收青色以外的色彩，反射青色。进入眼睛的色彩（电磁波）经过视网膜转变为RGB的数字信号，再通过人脑的视觉区域发色。

◉ 色彩的识别方式

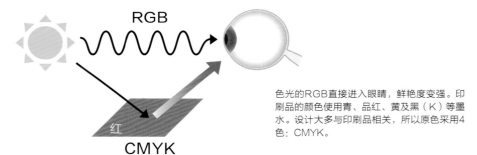

色光的RGB直接进入眼睛，鲜艳度变强。印刷品的颜色使用青、品红、黄及黑（K）等墨水。设计大多与印刷品相关，所以原色采用4色：CMYK。

色光的混色

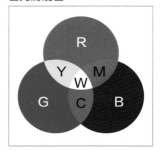

色料的混色

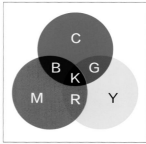

色光和色料的混色存在较大差异。色光越混合越亮，接近白色。相反，色料越混合越暗，接近黑色。
室内的灯光照明及舞台照明属于色光的混色，颜料及印刷墨水的混色属于色料的混色。

R　Red（红）
G　Green（绿）
B　Blue（蓝）

C　Cyan（青）
M　Magenta（品红）
Y　Yellow（黄）
K　Black（黑）

Chapter.1
06

数字色彩的核心就是色彩形象图表

色彩形象图表的配合使用

数字色彩中，以X轴为色彩能量，Y轴为时间，Z轴为波长束表示数字色彩系统，使用X轴和Y轴形成的区域表示形象的位置，这就是色彩形象图表。此图表是色彩的核心，配色的基础。

● 色彩形象图表及其主要色彩形象

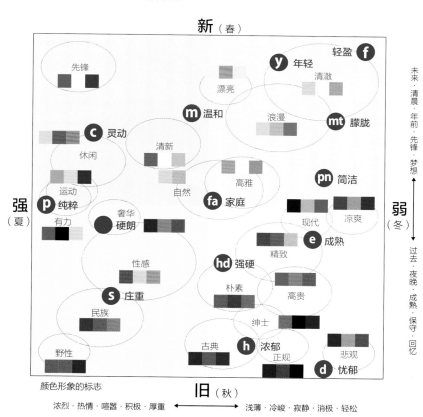

配色的基础不是感觉，而是
有理有据

配色需要依据

牢记配色的基础。配色并不是感觉，而是需要有理有据的科学依据。

"喜欢蓝色就选择蓝色。"这类理由并不适用。配色应当利用色彩的科学性质，实现传递信息、打动人心的效果。

◉ 为什么这样配色？

毫无依据的理由
=
NG

灵感
如果因毫无依据的理由而采用某种灵感，难以被工作中的客户所接受。

感觉
凭借自己的感性，无法准确阐明。或者，这样做自己感觉舒服，难以成为理论依据。

喜欢
因为喜欢而选择这个颜色，同样说不通。或者，即使对方（客户）喜欢某种颜色，也不能忽略其他人的颜色喜好。

存在科学依据
=
OK

依据色彩形象
依据互相共享的色彩形象的配色。
其中，包含想要传递的信息。

依据色彩的科学本质
利用色彩的科学本质进行配色。利用色彩包含的力量，例如吸引力、视觉引导等。

色彩生理及视觉心理
色彩生理方面，让人类产生的效果具有普遍性，所以会利用色彩生理学。在此基础上，还会并用视觉心理学等。

08

合理配色，提升工作效率

配色的高效化

配色是有规律可循的，与烹饪相同。即使使用同样的食材，如果弄错步骤，就难以做出美味。

前期的准备工作、创意、修饰等，只要掌握必要的流程就能提升工作效率。

◉ 实现高效化的过程

常见案例

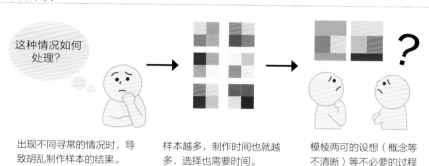

出现不同寻常的情况时，导致胡乱制作样本的结果。

样本越多，制作时间也就越多，选择也需要时间。

模棱两可的设想（概念等不清晰）等不必要的过程较多，浪费时间。

提升效率的方法

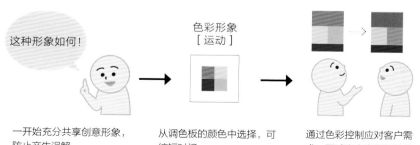

一开始充分共享创意形象，防止产生误解。

从调色板的颜色中选择，可缩短时间。

通过色彩控制应对客户需求，可减少方案最初的修改频率。

打动人心的基础在于生理学,
并非捉摸不透的心理学

打动人心的
色彩生理

配色的目的之一就是打动人心,打动人心就是色彩心理,但色彩心理让人捉摸不透。

利用色彩生理,可进一步完善配色。色彩能对人脑的下丘脑施加刺激并产生激素,进而心理也会受其影响。

◉ 想要产生怎样的心情?

色彩	主要分泌的激素	刺激部位	作　用	效　果
红	肾上腺素	循环器官	促进血液循环	兴奋 热情
橙	胰岛素	自律神经	降低酒精含量	有益健康
橙黄	饥饿激素	自律神经	增进食欲	食欲 气色
黄	内啡肽	自律神经	增强愉悦感 镇痛	爽朗
黄绿	生长激素	自律神经	促进生长	生长
绿	乙酰胆碱	脑垂体	缓解压力	舒心
蓝	血清素	下丘脑	生成血液	舒心 集中精神
蓝紫	瘦素	自律神经	抑制食欲	集中精神 稳定心神
紫	去甲肾上腺素	下丘脑	警告危险	恐惧 不适
粉	雌性激素	腺垂体	加速血流	神清气爽 朝气蓬勃
白	多种	下丘脑	肌肉紧张	积极进取
黑	无	无影响	无	心理稳定

红色的形象效果
【热情】

红色具有使脑内分泌肾上腺素的作用。使交感神经兴奋,促进血液循环,心理作用方面具有提升激情的效果。

这件作品中通过使用面积最大的红色,使人心情愉悦,内心澎湃。

Chapter. 1
10

色彩的感知方式大多基于当事人的体验

色彩的感知方式

　　人们通常会对复杂部分的色彩感知强烈。大多数情况下，当事人的色彩体验对感知方式产生影响。色彩的感觉由3个条件构成：第一个条件是色彩的生理反应；第二个条件是体验式记忆；第三个是文化传承及环境。看到颜色，瞬间就能产生感觉。

◉ 构成心理的3个条件

生理性的因素	脑生理	激素的分泌，通过松果体影响全身。
例：看到红色兴奋	大脑	
体验性的因素	情感的记忆	刻在自己记忆上的回忆之色，伴随着情感。
例：小时候获胜的记忆、制服的颜色	小脑扁桃体（海马体）	
文化上的风土环境	习惯的环境	受文化与风土的影响，看惯的风景的配色。
例：生长的地方、风景。山野的颜色。	纹状体（小脑）	

◉ 感觉的原理

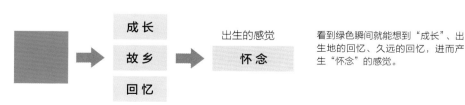

成长
故乡
回忆

出生的感觉
怀念

看到绿色瞬间就能想到"成长"、出生地的回忆、久远的回忆，进而产生"怀念"的感觉。

11

先决定形象再开始配色

决定形象之后配色

配色过程都是有规律可循的。根据规律进行配色，就能减少失误。工作的起点就是主题，有时客户也会提供主题。可以先针对相关的主题及概念，研讨分析以怎样的形象开展工作，然后再使用色彩形象图表中的色彩来推动工作，可大大减少失误提升效率。

◉ **设计制作的配色流程**

确认目的

- 想要传递什么内容？
- 依据相关内容，希望会产生什么效果？
- 向谁传递相关内容？

最重要的就是"目的"，即通过分析配色排版的目的，来更加清楚什么样的形象更加适合。并且，应将这种重复确认的过程形成习惯。

→

① 主题

掌握工作的整体流程。

② 概念

视觉的方向性。

③ 形象

决定形象。

④ 草图

用彩色铅笔画草图。

⑤ 色彩选择

从调色板中选择合适的色彩形象。

⑥ 色彩模拟

将草图输入计算机中，上色。

Chapter. **2**

理解排版的目的及功能
排版的基础

排版就是向观看者（客户）传递信息，这点要牢记。因此，如何良好地传递信息就是排版的基础。

color scheme
layout
design

首先理解四边形中所包含的意义

四边形的原理

四边形是设计界广泛使用的格式。在我们日常生活中，四边形也是极为普遍的存在。可以说，现代社会就是在这种四边形的管理下运作的。但是，四边形也具有其特殊的含义。

◉ 生活中所存在的四边形

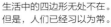

生活中的四边形无处不在。
但是，人们已经习以为常。

◉ 影响视觉心理的空间布局

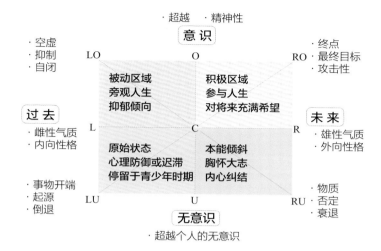

[空间布局图]
在四边形的排版中，不同布局位置产生的心理作用有所区别。
此图中，左侧（L）表示过去区域，右侧（R）表示未来区域，上侧（O）
表示积极意识区域，下侧（U）表示无意识区域。

横向排版的心理作用

通常从左上侧开始读取，大多设置标识等重要内容。但是，此处容易产生威慑的心理作用。设置于右上侧则能够获得心理好感。

纵向排版的心理作用

未来突出应呈现在上侧（over）区域，设置优先顺序高的内容。下侧（under）的区域大多不被注意，需要视觉引导等辅助措施。

Chapter. 2
02

画面中的关键（点）

点的作用

在长方形的画面中有时会出现衬托整体的部分，这就是"点"。点的作用与门的铰链相似，拆下整扇门就坏了。因此，应当刻意将重要内容（例如新发售的商品等）设置于此点的位置。这个点的作用自古以来就被广泛强调。

◉ **点的功能**

1	**画面平衡的位置**	与天平的原理相通，点相当于支点。
2	**设置强调主题的位置**	强调画面中最重要信息，所以将主要内容设置于此。
3	**设置醒目内容才能保证整体稳定**	如果将醒目内容设置于点以外的位置，视线就会被分散。
4	**色彩突出重点**	为了充分利用点的作用，选择画面中最具吸引力的色彩。
5	**也可将文字设置于点**	除了色彩及商品，设置文字（宣传标语等）也能发挥点的作用。

支配点

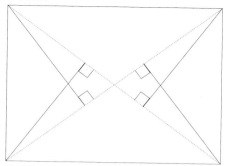

从四个顶点引线与对角线垂直相交的位置就是支配点，即方便使用的点。

黄金比例

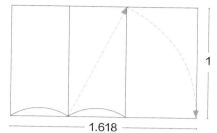

黄金比例是绘画、雕刻、建筑中使用的比例，排版中也经常使用。

○OK

设置于画面中间的点，能使人感受到格调、品位等。

○OK

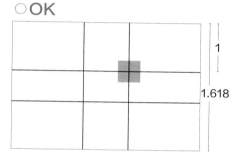

接近黄金比例或支配点的位置，具有稳定感，容易平衡。

×NG

如果将点设置于画面的边缘，则视线无法顺利直观整体。

×NG

如果将点设置于顶点附近，则会使视线过于集中。左下角缺乏新鲜感，左上角产生压抑感。

03

排版就是信息的视觉化

信息排版

排版的使命就是传递信息。如何将信息准确传递给对方，这就是设计的目的。

不含信息的排版没有意义。信息又分为各种形态。排版时，必须对各种不同的信息加以确认和理解。

◉ 所传递信息的内涵

应当传递的信息

企业信息	通过广泛传播企业的经营理念及企业文化，可获得更多的信任。而且，也可对企业的消费者进行宣传及承诺。
商品信息	排版是为了让更多人能理解商品的内容及特点。商品的功能及卖点如果得不到宣传，则很难畅销。
活动信息	通常特定目的及特定日期举办的活动，都需要召集相关人员，因此需要进行相应的排版。
指引信息	所有信息设计，都可通过传递通知、推销信息的排版，来达到推送内容信息的目的。

Chapter. 2
04

将最重要的信息设置于最佳的位置

存在优先顺序

信息的重要性并不完全相同。根据重要性的不同，设置信息的位置也会有所区别。排版中，应先确认哪些信息最受重视。如果有10条信息，可从1至10按照优先顺序排列。这种顺序并不是由设计师随意决定的，还需要客户的确认。

◉ 依据优先顺序制作排版的流程

第1位	最重要信息

主要信息应设置于鲜明位置或增大尺寸，均应优先设置。如果信息重要性同等，可采用目录形式。

第2位	强　化

为了强化主要信息，需要更详细的内容及具有说服力的形式。

第3位	关　联

主要信息的关联内容，具有引起观看者兴趣的作用。总而言之，就是要加深主要信息的印象。

第4位	附　带

对主要信息产生兴趣的人提出的附带（免费）信息。对获得此信息的人来说具有价值的信息。

第5位	完全无关

完全无关的信息。如果还有空余位置，可用于吸引更多观看者。

排版的组成要素

严格来说，可将排版组成中所使用的设计素材分为两种：图片和文字。其中，图片包括照片、插图。有效利用这两种素材的过程就是排版。若将图片进一步细分的话，还包括色彩、点、线、面、空间等要素。组成要素的各种设计素材具有视觉心理作用，排版的基础就是要利用这种作用。

◉ 组成要素（设计素材）的功能

① **文字**
布局的大多数信息由文字构成。文字可直观阅读，能够捕获人心

② **线**
线具有强调文字、区分边界、方向、轮廓、连接等作用。地图将线的功能运用至极限

③ **点**
点具有强调、连接、区分、点缀、表示位置等功能。有意识地使用，就能提升信息的传递效果

④ **色彩**
布局中，色彩发挥着决定性作用。如果配色成功，布局也就算完成了70%。并且，打动人心就是色彩的作用

⑥ **空间**
在布局中，称之为"空白部分"。为了使画面布局合理，确保此空间极为关键

⑤ **面（形）**
图片就是面的代表形式。通过面吸引眼球，传递文字无法说明的形态及性质也是面的作用

点的功能	位置	强调	区分	连接（中黑）	点缀	轻重
	A	配色	颜色，多样	莱昂纳多·达·芬奇		

线的功能	方向	强调（下划线）	区分	连接	轮廓	量
		排版的	A B	A→B		

面的功能	表现"事物"	表现"感情"	表现"含义"	表现"思想"
	面适合表现事物的形态	面适合表现心情，容易传递硬度及软度	象形文字也是起源于形状。可应用于签名、标识	象征符号中包含思想、精神

◉ 注意文字的使用

1 字号不能太小

2 文字数量控制在每行26字以内或每列41字以内

我是猫，还没有名字。我不知道自己出生在哪里，只恍惚记得自己在一个昏暗、潮湿的地方，"喵喵"地叫唤个不停。在那儿我第一次见到了人这种东西。

3 可读性配色

4 文字不得扭曲

◉ 图（照片）

四边形版

四边形照片就是四边形版，给人以能够眺望整体风景的感觉。

抠图

仅抠下主题部分，可凝视此物体。

白底插图

仅通过轮廓线表示形状，能较柔和地传递形象。

排版的基本原则

设计中包含必要的约定事项（原则）。排版中的原则仅有4个，只要掌握这些原则，谁都能完成精美排版。

相反，如果这4个原则未被贯彻遵守，就会造成混乱无序的排版。参照杂志的封面及主页，这4个基本原则就能够立即得到确认。

◉ 4个基本原则的作用

页边距

左对齐
朝向左侧对齐，可方便
阅读，这是标题等常用
方式

右对齐
存在一定阅读困难，但
上文采用左对齐时，有
利于整体平衡

两端对齐
与左对齐同样多使用。
通过左对齐的格式条件
下实现右对齐的状态，
正文中常用

页脚

居中
阅读方便性最低，但可用于
体现品味及风格

原则 ①
左对齐

沿着页边距，对齐文章的句首。不仅能使阅读方便程度增加，还能强调统一感，更加整洁划一。

原则 ②
居中

页边距为中心，左右对称的排版。不易阅读，但均衡规整，能体现品味及风格。

原则 ③
右对齐

左侧已包含内容时，靠近右侧对齐句尾。此方式虽不易阅读，但排版方面较为平衡。

原则 ④
两端对齐

整齐包入两侧的框线内。左对齐及右对齐同时实现的状态。正文及图片也适用这种方法。

排版的目的在于共享工作基础

排版的目的及分类

排版的目的（为什么这样做？）应该与此项工作相关的所有人共享。统一目的，顺利完成工作。

此外，排版分为几种典型的样式（版式），刚开始就应决定采用哪种样式。

◉ 为什么排版？

顺利传递信息

顺利传递信息，容易理解内容。
如果难以阅读，可能不会继续看下去。

排版的作用就是在混乱中谋求秩序

杂乱无章的内容让人摸不着头脑。如果内容井然有序，则容易阅读，且布局美观。

最重要的就是向观看者传递心意

必须考虑观看者的感受，方便所有人阅读就是"心意"。

◉ 版式的分类

排版 ①

自由式

自由设定页边距，考虑整体的面积及照
片的状态，布置设计素材。存在感觉倾
向，可能出现失败情况。

排版 ②

流线式

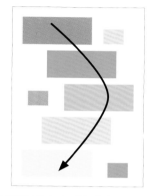

布置设计元素时，重视整体的流线。不
隔开上下空间，适合网页等向下滚动的
连续性内容。

排版 ③

Z式

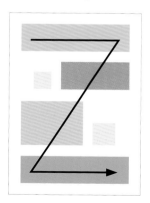

从上行至下行，呈"Z"字形布置设计
素材。适合用于浏览整体内容，中途若
设置起伏及强弱缓和，能使其内容更加
丰富。

排版 ④

网格式

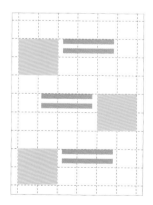

使用网格页边距，能使整体更加均匀。
适合用于目录、报纸等排版。

能够有意识地引导观看者视觉的才是专业人士

引导视觉的意识

排版的高水平技巧之一就是视觉引导，即引导观看者的视线，使其观看至最后的技术。通过视觉心理学的应用，设计师能有意引导视线。设计素材的范畴越多，越适合采用这种技巧。

◉ 目标就是阅读整体

理解全部内容

理想状态就是阅读所有设计素材，并能够理解。为此，需通过某种画面等让人一目了然。

阅读全部

仅观看无法理解，还要使人能阅读全部文字，不仅仅只是照片等视觉素材。

记忆重要内容

如果打算仅让人留下主要信息的印象，可通过色彩及背景等突出表现。

引导至下一步动作

视觉引导的主要作用就是将人引导至下一步的操作或动作。为此，需要能够激发好奇心、期待感的色彩及形态。

◉ 视觉引导的模式

① 由上到下

② 由大到小

③ 引导至相邻内容

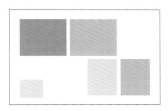

④ 引导至相同色彩

⑤ 引导至相同形状

⑥ 编号排序

⑦ 纽带

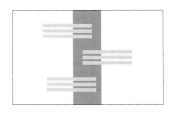

⑧ 箭头

Chapter. 2

09

无法吸引人的排版就是白费功夫

吸引目光的特性

吸引目光的特性就是吸引性。无法吸引目光，就是白费功夫。为了吸引目光，应利用吸引性强的色彩、醒目形状、冲击力强的语言、引人瞩目的照片等。

而且，不能忽略与其他作品的关系。同样加法制作的内容，如果周围布置其他内容，就会变得不再突出。

◉ 吸引目光才有意义

暖色系的色彩具有较高吸引性。特别是鲜艳的红色，许多作品均有采用。此外，增强对比度也有效果。

棱角突出的扎眼效果。通常用于炸弹标识，吸引目光的效果强。

迎接未来的自己

语言的力量也能捕获人心，起到宣传标语的作用。根据字号、字体、色彩等的不同，文字所呈现的力量也会有所差异。

有魅力的人物、风景、漂亮的花、个性等均能吸引目光。

Chapter. **3**

正确的配色方法可省去烦琐

配色的步骤及关键

制作美味菜肴，可以依据菜谱中的步骤。所以，配色也是有步骤的，并不是仅凭自己的感觉来配色。只要掌握一定步骤就能实现高效、准确的配色效果。

color scheme

layout

design

01

配色就是实现排版目的

确认配色目的

目的清楚之后，开始配色操作。配色目的与排版目的相同，为了通过色彩实现这种目的，配色步骤必不可少。

分析目的之后，便可开始设定主题及概念，选定配色所需的形象。

◉ 配色目的

1	准确传递信息	设计的最重要作用就是向观看者准确传递信息。所以，容易传递信息的配色是关键。
2	留下印象	通过配色产生视觉冲击力，使观看者留下记忆。
3	感动人心	从色彩及形状中产生的美感，美感能打动人心，感动由此而生。
4	让人舒适	不能使用干扰视线的色彩。从色彩层面考虑，应让人感到舒适。
5	功能性使用	通过色彩区分图标等，以增加阅读方便性。色彩有利于差别化、区分。

配色存在目的性。选择色彩，以达成目的。
通过配色营造的形象打动人心。

Chapter. 3
02

主题就是工作的名称，体现
工作的整体印象

明确主题

根据目的及用途，可描述出设计师要求的整体印象。表达这种整体印象的词语就是主题。主题就是工作的名称，项目相关人员需要对其达成统一认识。而且，关键是主题应该是具体的而不是抽象的。

◉ 设定主题的条件

【 接　单 】————————【 项目目的 】————————【 工作名称 】

确认内容

交付物内容　　　　　　　　　主　题

交付物目的
　　　　　　　　　　　　　　· 工作名称
交付物目标　　　　　　　　　· 作品内容
　　　　　　　　　　　　　　· 标题
规　模　　　　　　　　　　　· 宣传标语

计　划

主题应当包含工作的整体印象，有时会在接单时给出指定要求，有时则需要依据目的及工作内容分析得出结论。

Chapter. 3

03

配色需要主题形象

设定形象

依据配色制作而成的就是形象。如果有形象，就能配色。

形象就是人脑中浮现的影像，具体来说就是形象语言。设定形象就是从数字色彩决定的形象语言中进行选择。

◉ 形象本质的探求方法

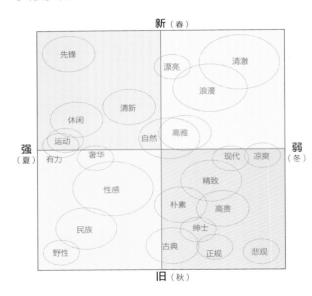

需要事先调查所设定形象的含义及色彩生理层面的力量。此时，应利用色彩形象图表，确认想要表现的形象属于哪个区域。时间性位置及能量强弱应贯穿作品整体。

决定形象 → 制作概念	1. 整体形象	以怎样的形象表现整体？
	2. 形状性质	准确掌握形状的特点。
	3. 配色方案	组合色彩形象。

Chapter. 3
04

色彩形象中包含制作形象的色彩

从调色板中选色

色彩形象中，包含多种形象语言。各种形象语言中均备有制作形象的色彩，即调色板。

调色板的色彩通过选出多种色彩配色而成，更容易呈现形象。

◉ 从调色板中选色

例：色彩形象"运动"→形象语言"运动"

调色板

亮度色标

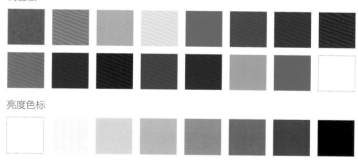

SPORTS CLUB
★KARADA

FITNESS WORLD

所选色彩

调色板中的色彩用于制作目标形象。无彩色的白、黑、灰虽调色板中没有但也可使用。不过，最终作用是辅助调色板的色彩，少量使用即可。

尝试几种选色组合

色彩模拟

在色彩形象图表中，将调色板的色彩作为参考，先用彩色铅笔涂色，这是使用计算机操作之前的必要条件。通过涂色记忆色彩，且能够确认形象的全貌。接着，以彩色铅笔涂色效果为基础，在计算机上涂色。

◉ **试涂色**

所选色彩
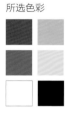

所选色彩
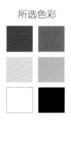

所选色彩
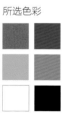

所选色彩

调色板中包含16种色彩。改变色彩组合，进行模拟。
此外，关键在于不得制作太多色彩样本。

Chapter. 3
06

配色形象完成后需要微调

色彩调整

以色彩模拟为基础的配色形象，最后还需要进行微调，即色彩调整（色彩控制）。确认所选定形象能够完整表现，且具备视觉冲击力，这就是色彩调整的首要目的。而且，相邻的色彩之间的对比度必须重点注意。

● 检查色调表后及对比度

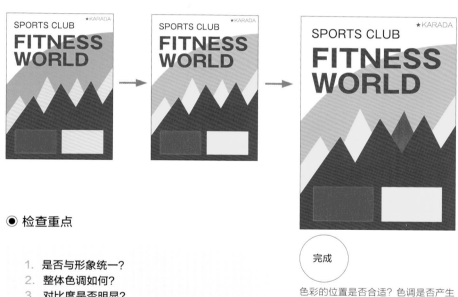

完成

色彩的位置是否合适？色调是否产生变化？以及相邻的色彩之间是否存在对比度？这些都是色彩调整的关键。

● 检查重点

1. 是否与形象统一？
2. 整体色调如何？
3. 对比度是否明显？
4. 重点色彩是否明快？
5. 基本色彩是否合适？
6. 是否具有冲击力？
7. 想要表达的信息是否能够准确传递给观看者？
※6、7让其他人看一下即可。

★启示
2的整体印象很重要，是检查的重点。

色彩形象图表是比感觉更重
要的依据

不受感觉影响

直觉、感觉是人类与生俱来、不可或缺
的能力。但是，配色就是一种信息，所以必
须采用能够准确传达信息的方法。

配色的目的就是打动人心，所以应利用
色彩生理学、视觉心理学，而不应受感觉的
影响。而且，还应重视能够提升效果的配色
方法。

◉ 摆脱不靠谱的感觉

1	**自己的感觉与别人的感觉不同**	每个人根据自己的体验及学习形成感觉。体验不同，所以感觉也会有所差异。
2	**感觉随着时间变化**	根据当时的气氛及环境，自己的感觉也会产生变化。如果以变化的事物"感觉"为依据，风险自然高。
3	**感觉的核心就是个人主义**	自己的感觉并不会被其他人改变，与其他人的意志无关，是独立的。
4	**自己的感觉无法说明**	感觉与情感相似，难以说明为什么产生感觉，没有说明的依据。
5	**不能屈服于对方（客户）的感觉**	依据感觉制作时，如果客户的感觉模糊不清，最终难以达到满意效果。

→色彩形象图表是依据脑生理与人共通的形象
色彩制作而成的。

Chapter. 3
08

行业禁忌的色彩毫无依据

不受禁忌色彩
束缚

任何行业都有禁忌色彩,"黑色代表厄运""红色商品在夏季不畅销"等。

但是,这些禁忌并没有科学依据。从战略层面考虑,如果大家都不采用,积极采用反而会产生差异化效果。

◉ 挣脱禁忌色彩的束缚

禁忌色彩的定义(NG色彩)	示例
行业等风传某种特定色彩的商品不会畅销,这就是所谓的禁忌色彩,所以在商品策划时通常会将这类色彩排除在外。但是,禁忌色彩并没有科学依据,也有很多使用禁忌色彩的成功案例。	啤酒行业避讳红色 化妆品避讳黑色

企业色彩	示例
象征企业的经营理念及思想的色彩就是企业色彩。通常,决定企业色彩时必须注意"鲜明"。因此,可能会与其他公司的企业色彩相似,差异化较弱。	黑色容易被避讳 荧光色NG

晦气色彩	示例
色彩原本只是电磁波,与是否幸运并无关系。黑色在日本自古以来都代表着幸运,但明治时代之后基督教在日本社会广泛传播之后,黑色变成了晦气的色彩。所以,色彩并没有晦气之说,应当忽略不计。	黑色是葬礼色彩 紫色是(日本)僧侣色彩

不受流行左右

在时尚界，流行色确实受人追捧。流行色由各国的委员收集，提前两年决定。最近，已经发展到各品牌独立决定产品色彩的时代。

流行色的存在逐渐淡化。因此，不需要关注流行色，应当独立思考配色。

◉ 展现于社会的色彩

流行色

流行色由国际流行色委员会提前两年选定并发布。除此之外，独立决定流行色彩的企业逐渐增多。

流行事物

如果流行事物的色彩是火爆畅销的商品，其他公司也会销售类似商品，色彩也会被模仿，以至于任何商品的色彩都会相似，差异化微妙。

创意商品色彩

从战略层面选择色彩时，创意商品色彩是指之前没有的色彩、与其他公司存在差异化的色彩以及能够阅读时代规律的色彩等。

常用的经典色彩

经典色彩是某个事物在很久之前就已使用的色彩。这种产品必须是特定色彩，有内涵的色彩。

Chapter. 3
10

暗配色会给观看者造成视觉
压力

注意太暗画面

认为暗色调配色帅气的人不在少数，特别是年轻人具有喜欢暗画面的倾向。

配色由形象决定，但应尽可能避免对眼睛造成视觉压力。黯淡无光，就会对观看者造成视觉压力。

◉ 避免暗配色的理由

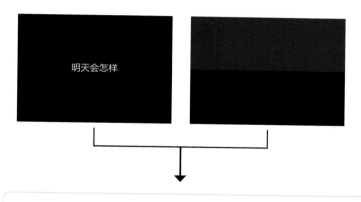

明天会怎样

● **白字让人视觉疲劳**　暗画面中，文字呈现白色。白色文字的对比度强，容易使人产生视觉疲劳。

● **心情低沉**　接受到暗画面，心情可能会变得低沉，期待感、兴奋感变弱。

● **不容易记忆**　暗配色不容易记忆。白底文字或黑底文字的文章中，白底容易记忆。

太亮画面也会对观看者的视觉造成压力

避免太亮画面

太亮画面会导致过度的光线进入观看者的眼睛，造成其视觉压力。房间的照明也不是越亮越好，恰到好处才是关键。

手机画面及显示器等需要调节至适当亮度，避免太亮。并且，工厂等照明也会规定避免太亮。此外，太亮的背景也要注意。

◉ 注意太亮画面

太亮会使观看者的瞳孔缩小，光线折回呈现模糊状态。为了消除这种模糊，对焦的肌肉就会变得紧张，从而使人产生疲劳。

闪烁效果会对大脑带来负面
影响

印刷品中不存在这种现象，但在电影、显示器中光线闪烁会造成光过敏，甚至需要就医。闪烁能够引起注意，但一味增加闪烁位置会干扰注意力，无法正确传达信息。

注意闪烁画面

◉ 注意闪烁效果的使用

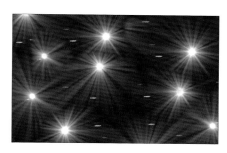

△ 多个闪烁位置

发出光亮的物体容易吸引眼球，但超过3处以上的闪烁位置就会干扰注意力，让人无法关注重点信息。而且，在动态及视频中也是同样的道理。

啤酒就喝青岛啤酒！

△ 潜在效果

影像资料中瞬间插入其他信息，将信息植入潜在心理就是潜在效果。通常禁止使用，实际有无效果还需要验证。

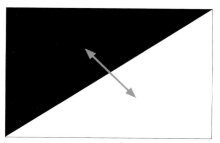

△ 明暗交替

通过亮画面和暗画面的交替切换，对观看者施加刺激。画面的整体翻转，会使眼睛的明暗调整瞬间陷入紧张的状态。

单调画面让人产生睡意

相邻色彩的
对比度

人在欣赏动听的音乐及优美的风景时，放松的心情会让人产生睡意。睡意会干扰注意力，阻隔信息的传递，让人陷入睡眠中。整洁划一，但缺少刺激的配色就会引起睡意，缺乏对比度的配色就属于这类情况。强化相邻色彩的对比度便可使人感到醒目，更容易接受信息。

◉ 接收信息的活性化大脑

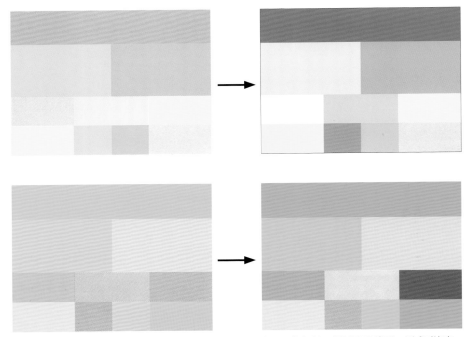

色彩漂亮，但缺乏冲击力，让人产生睡意。

加深几处色彩，或替换不同色彩，形成对比度，使画面更加生动。

排版是为了向人传递信息，形成记忆。
因此，必须始终注意能够活化大脑的对比度。

Chapter. 3

醒目色彩的过渡效果应谨慎

14

醒目色彩应限定在3处以内

几乎所有人都知道，色彩中包含醒目色彩及不醒目色彩。但是，醒目色彩使用较多就会造成画面杂乱无章，这点或许很少人知道。如果醒目色彩的设置超过3处，则视线很难对焦，丧失集中力。所以，考虑到整体平衡，应控制在3处以内。

◉ 醒目色彩不需要太多

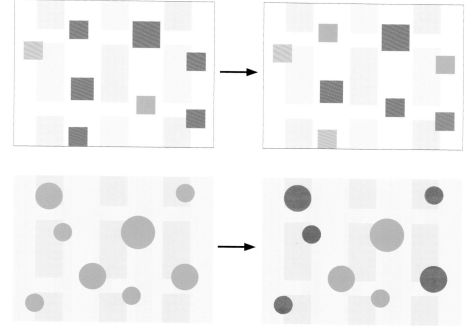

四处设置醒目色彩，难以形成规律，导致形象杂乱无章。

将醒目色彩控制在3处以内，便可形成视线集中的画面。

理解醒目色彩的作用，包括吸引眼球、画面冲击力、点缀等。对于这类色彩，少量使用也能充分发挥效果。

吸引性强的色彩不只有红色

红色是最具吸引性的色彩，之前也有说明。但是，容易让人觉得只有红色才能吸引眼球。虽然红色具有吸引性，但与其他公司的作品相似也一样得不到突出。遇到这种情况，需要试着使用其他吸引性高的色彩，制作整体形象。

◉ 红色以外吸引性较高的配色

白底搭配亮色，条件是其他位置不能使用更加醒目的色彩。

蓝底条件下，橙色或黄色作为补充色彩会更加醒目。由于明度差，对比度高的白色也能发挥同样的效果。

灰底的配色较为困难。灰色具有融合色彩的力量，建议搭配暖色系的高彩度色彩或荧光色。

绿底适合红色等补充色，但晕光强烈，让人看得不舒服，所以使用黄色、粉色、白色较为合适。

Chapter. 3

16

黑色是最后的王牌，专业人士不会轻易割舍

避免用黑色掩饰

整体来说，无彩色与有彩色能够相互融合。无彩色的色调虽缺乏刺激性，但能够衬托出有彩色的特点。如果采用黑底，任何作品都能够呈现出精美的效果。但是，个性会被吸收，容易搭配，却可能也与其他作品类似。

◉ 背景的影响力

原图：白　白底使配色更加生动。

○ 灰　灰色收敛整体。

× 红
红底作为背景太过醒目。

△ 蓝
蓝底衬托其他色彩。

△ 黄
黄底让人感觉轻浮，缺乏信赖感。

× 黑
黑底让人感觉似曾相识。

如果色调较多，则画面缺乏统一感。
通过背景色彩，可改变画面的形象。

排版工作包括预判效果

预判效果

排版工作的关键在于最后预测工作效果。而且，预判排版效果也是专业人士能力的证明。预判效果与成品检查的意义相同。检查清单的回复就是效果预测。

◉ 效果预判的指标

1 是否能够让人露出满意的笑容？ → 是否考虑到观看者的需求？

2 是否容易理解？ → 排版整理效果是否容易阅读？

3 信息是否准确传递？ → 强调内容是否容易接受？

4 是否采取合理行动？ → 是否形成顺利行动的有效流程？

5 是否继续观察？ → 设计让人继续观看的构思。

这些提问与探求作品观看者的看法是相同目的。

Chapter. 4

从考虑排版开始配色

配色排版方法

配色基础及排版基础通常分开学习，将两者合二为一就是配色排版设计。之后的每页内容，就是配色排版所需的图表。

color scheme
layout
design

整体形象全凭基调色

支配整体形象的就是基调色。通常，将背景作为基调色的情况较多。背景对整体形象的影响较大，但并不是让你过度关注背景，而应注重人的潜在意识。正因如此，决定背景色彩至关重要。所以，配色时应最先决定基调色。

◉ 基调色所需条件及意义

背景 — 底色
大多数情况下背景就是基调色

超过50%面积的色彩
超过画面整体面积50%的色彩就是基调色

无彩色上的纯色
无彩色不影响形象，因此，配色中的纯色就成为基调色

 p1

红色的刺激性最强，能形成活泼的形象。

 p5

橙色的健康形象强烈，能产生生动的效果。

p9

黄绿表示生机勃勃的形象。

p13

绿色呈现出稳定、能使人增强信心的形象。

p17

蓝紫色可抑制兴奋，从而营造出轻松的氛围。

　　基调色是表现设定形象的最强色彩。在彩色形象图表中，应选择既能够衬托其他色彩，且自身基本又不会引起观看者注意的色彩。由于是一种潜在引出形象信息的色彩，所以应避免选择可能抑制主色彩的色彩。总而言之，需要巧妙利用基调色的作用。

使用基调色表现形象的作用

■ p21

紫色能在华丽中增添神秘氛围。

选择基调色的目的
打算表现什么感觉？

① 洁净感基调　　　→ 第 58 页

② 表现生机勃勃　　→ 第 60 页

③ 体现未来事物　　→ 第 62 页

④ 表现积极氛围　　→ 第 64 页

⑤ 表现自然色调　　→ 第 66 页

⑥ 表现融洽和谐　　→ 第 68 页

⑦ 一家人的形象　　→ 第 70 页

⑧ 正式感的形象　　→ 第 72 页

⑨ 怀旧感的形象　　→ 第 74 页

⑩ 利用重点色彩　　→ 第 76 页

⑪ 强调事件性　　　→ 第 78 页

01

基调色：白

① 洁净感基调

没有人会讨厌清凉的感觉，因为始终能够让人感受到新鲜氛围，以及信赖感。如果基调色选择洁净感的色彩，不但能让人安心，还能使信息内容简洁易懂，并产生蓝色系的生理反应。

◉ 能表现洁净感的原理

基调色采用白色和蓝色的组合，能表现出清凉感。

能表现洁净感的事物

白衣

水

饮料

洗衣液

白色T恤

等

身边能够表现洁净感的事物有很多，可作为参考使用。

能表现洁净感的主要配色示例

❶

白色和水蓝色（y15）的组合，可用于表现洁净感、纯粹、平和的氛围。

❷

白色和蓝绿色（m13）的组合，可用于表现生机勃勃及稚嫩、洁净感。

❸

白色和瓷蓝色（m17）的组合，可用于表现伴随着清爽感的洁净之意。

❹

白色和蓝紫色（p17）的组合，可用于表现强烈的洁净感。

❺

白色和蓝绿色（c13）的组合，可用于表现健康自然的洁净感。

◉ 以洁净感为基调的配色排版示例

背景为白色时，倾斜的构图使画面呈现动感。具有洁净感的色彩，在此图中也伴随着速度感。

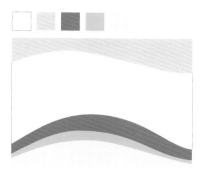

采用曲线构图时，同样能使画面呈现动感，强调起伏。

水平构图中，强化表现了宽度。因水平能使画面呈现稳定感，洁净感也会随之增强。

如果基调色（白色）占据画面一半以上，则任何配色都能呈现洁净感。并且，是一种柔和的洁净感。

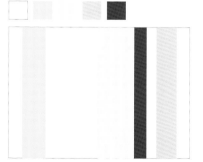

纵向条纹的构图，个性及纯粹感增加，洁净感进一步被强化。同时，清爽感也有所增加。

白色占据绝大部分面积时，能够表现强烈的洁净感，其本身就存在韵律感，且毫无压迫感。

基调色：白

② 表现生机勃勃

生机勃勃，是被许多媒体设计所采用的形象。对春季、新学期、成长期的孩子等相关主题能够发挥效果。

生机勃勃的形象必须使用白色。因此，将白色作为基调色方便使用。而且，白色与其他色彩的比率对半。如果白色增多，则更能增添画面的洁净感。

◉ 使人感到生机勃勃的原理

植物的新芽生机勃勃。
色彩形象图表"生机勃勃"。

能使人感到生机勃勃的事物

嫩叶

新生

新鲜蔬菜

丝带

新商品

等

生机勃勃大多来自于植物的形象。

使人感到生机勃勃的主要配色示例

❶

白色和黄绿色的组合，最能体现生机勃勃的形象。

❷

与绿色组合，可增强画面对比度，突出跃动感。

❸

与蓝紫色组合，可用于表现青少年的生机勃勃。并且，洁净感也会增强。

❹

与水蓝色组合，可用于表现接近幼年的生机勃勃。并且，接近天真烂漫的形象。

❺

与粉色组合，可用于表现少女的生机勃勃。并且，还能表现可爱的形象。

◉ 能表现生机勃勃的配色排版示例

强调水平性的构成，使画面稳定性增强。所以，重复相同形状，能增添画面面韵律感，显得生机勃勃。

醒目长方形的构成，面积大的形状放在下方，面积小的形状放在上方，能使画面整体获得上升感。

稳定曲线的构成，画面动态形象及柔和形象增强，能使人感受到生机勃勃的能量。

纵横交错的构成，纵向使用了生机勃勃的色彩。此图中，纵向以绿色为主。

同样采用了纵向（垂直）构成，延伸的形象增强，能给人以生机勃勃的感受。

使用圆形的构成，韵律感特别强，同样能表现生机勃勃。

01 整体形象全凭基调色

基调色：白

③ 体现未来事物

未来意味着谁也没看到过的世界，充满了人类无限的憧憬。简而言之，未来就是接近目标的梦。

白底和蓝色的配色，能够让人放松、冷静，让人心情澎湃，给人以希望的形象。

◉ 能让人感受未来事物的原理

朝着右上方扩散，让人感受到未来。

能表现未来的事物
宇宙
亮闪闪的光
机器人
梦
技术革命
等

未来是尚不存在的形象。

能让人感受未来事物的主要配色示例

❶

白色和瓷蓝的组合，给人以超越现在的形象，使人能感受到遥远的未来。

❷

与紫色系组合，能使人感受到神秘的未来。而且，也能体现某种幻想的未来感。

❸

对比度清晰的事物冲击力强，现实感也有所增加，能让人预见到即将来到的未来。

❹

与蓝色组合，让人感到青年充满可能性的未来。

❺

与明亮的蓝色组合，能使人感到清爽的早晨及美好的未来。

◉ 能让人感到未来事物的配色排版示例

朝向右上方蜿蜒曲折的构图，能够表现出通向未来的时代及心情的流向。

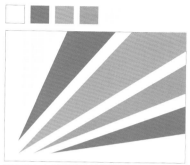

朝向右上方呈直线放射的构图，与色彩无关，能给人以通向未来的形象。并且，色彩在一定程度上还能强化未来感。

气泡垂直上升的构图，增强了画面积极向上的形象，能让人感到即将到来的未来。

呈台阶状朝向右上方的构图，给人以稳步迎接未来的形象。

带有韵律感，同时朝向右上方攀升的构图，能给人以积极迎接未来的感觉。

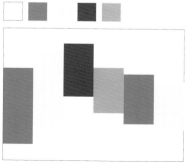

大胆的纵向构图，使整体画面呈现未来形象的效果。并且，能够强烈表现未来志向。

基调色： 白

④ 表现积极氛围

充满能量的色彩形象，是能让观看者感到冲劲十足的配色。生理层面让人展现活力的是亮色，通过有效配色，能够表现积极氛围。若想好感度高，在白色的基调色中使用彩度高的色彩较为常见。

◉ 能表现积极氛围的原理

表示方向的矢量箭头，让画面前进形象强烈。

能表现积极氛围的事物

- 上升箭头
- 前端艺术
- 充满精神的人
- 变革力量
- 笑容
- 等

积极形象让人感觉充满力量。

能表现积极氛围的主要配色示例

❶

红色的能量及吸引性均强烈，能使观看者的心情积极向上。

❷

绿色的成长形象强烈。因此，没有消极形象。

❸

蓝色隐藏着青年特有的跃动感，能让人感受到轻松的心情。

❹

白色和黄色的组合，能使年轻的形象增强，给人以爽朗、阳光的乐观形象。

❺

白色和暗色的组合，对比度最强。并且，能够使画面表现出强烈的跃动感。

◉ 能表现积极氛围的配色排版示例

锐利的边角朝上延伸的构图，能产生让人心潮澎湃的效果。

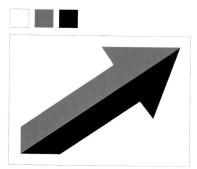

朝向右上方的箭头，该矢量形状的能量能让人感受到强烈的积极性。

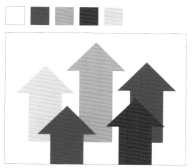

朝向上方的多箭头构图，能提升画面的积极感。

纵向排列的长方形构图，虽积极感弱，但色彩能够增加画面的积极感。

锐利的波浪形，能让人感受到激烈的变化，激发出积极向上的热情。

∨字形构图，带有释放感，能让人敞开心扉。

01

基调色：灰

⑤ 表现自然色调

"自然"这种色彩形象并不强烈，适合表现和谐效果。因此，自然不是要表现醒目强烈的个性，而是要表现亲和力，平易近人。不会使眼睛感到疲劳，具有让人安心的效果，也是灰色作为基调色时的特点。

◉ 能让人感到自然的原理

四边形也能表现柔和感。

能表现自然的主要配色示例

❶

灰色和粉红色的组合，让自然中充满爱意。

❷

与粉橙色组合，能表现健康的形象，引起食欲。

❸

与黄绿色组合，能表现生命感及明朗感。

❹

与粉褐色组合，能表现稳定及成熟感，且不乏精致。

❺

与粉绿色组合，能表现自然环境及成熟形象。

说到自然，肯定会想到森林、草原、花、动物等。形成画面，就能让人感受到自然。

◉ 能表现自然的配色排版示例

缓和的波纹构图，再配以粉红色的组合，使画面呈现出和谐及生机勃勃的形象。

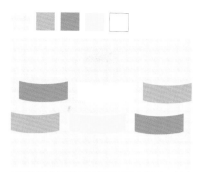

与以绿色为主的灰色调色彩进行组合，能表现开放及韵律感。

与粉红色的圆形组合，使人在自然中感受到愉悦。

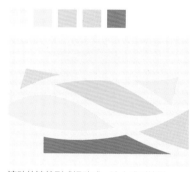

流动的波纹形成运动感，让人感到愉悦。

整齐排列的构图，让人感到信心，但也稍显棱角感，为了缓和这种棱角感，通过配色加以解决。

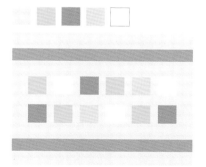

被上下的粗网格夹住，具有压迫感的构图，但仍然能够表现出自然形象。

基调色： 灰

⑥ 表现融洽和谐

将灰色作为基调色时的最大特点就是其容易融入任何色彩中。在使用彩度高的色彩时，如果基调色为灰色，就能和谐搭配。融洽和谐的配色能够表现亲密感，从而形成一家人的形象。

◉ 能表现融洽和谐的原理

尖锐的物体也能呈现和谐融洽的形象。

能表现和谐融洽的事物
心
家庭
友情
爱物
贴身衣物
等

和谐融洽给人以贴心的形象。

能表现融洽和谐的主要配色示例

❶

灰色（基调色）与彩度高的红色组合，能表现出活泼的气氛及融洽感。

❷

灰色（基调色）与橙色组合，能用以表现健康的形象。

❸

灰色（基调色）与黄色组合，能给人愉悦的感觉。

❹

灰色（基调色）与黄绿色组合，能给人以在草原吹风的感觉。

❺

灰色（基调色）与桃色组合，能表现亲密及温暖。

◉ 能表现融洽和谐的配色排版示例

与暖色系组合，能让人感到生机勃勃、温和。并且，彩度高的红色还能够增添画面的活力。

相互嵌套的构图，若以灰色为基调色的话，即使坚硬的形状同样也能够表现柔和感。

波纹形的构图，采用黄色系的配色，能表现出跃动感及明朗的形象。

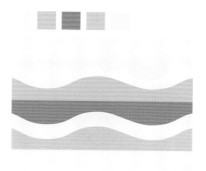

即使同样的波纹形状，如果添加红色等明度较暗的色彩，就能衬托整体，形成和谐的跃动感。

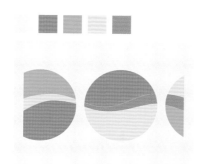

圆形是难以协调的形状。但是，能够获得完整、充足感等。通过配色，能够使圆形融洽和谐。

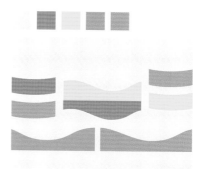

带有不同形状的构图，大多能够抵消不和谐感。这种情况下，灰色的基调色能够融合整体。

基调色： 灰

⑦ 一家人的形象

以灰色为基调色时，能使整体形象更加柔和。因此，许多场合都有采用。其中，营造一家人氛围时，灰色也是必不可少的配色。特别是强调彩色形象的"家庭"，适合用于展现丰富多彩的效果。所以，为了表现温暖感，务必使用暖色系。

◉ 能表现出一家人形象的原理

家庭气氛通过暖色系得到了进一步强化。

说到一家人，大多与家相关。

能表现一家人形象的主要配色示例

❶

与粉红色组合，能表现出温暖家庭的形象。

❷
与黄色组合，能表现出和谐的家庭形象，仿佛能够听到笑声。

❸

浅褐色虽是素朴配色，但能够表现出故乡的家庭氛围。

❹

褐色也适合搭配红色，是能使画面整体呈现活力的组合。

❺

与明亮的桃色组合，能用于表现有孩子的温暖家庭氛围。

◉ 能表现一家人形象的配色排版示例

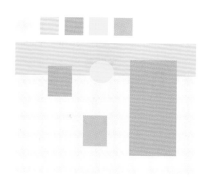

当色调少时，必须加入红色系的色彩。并且，灰色（基调色）能表现出无拘无束的形象。

内含大面积长方形的构图，可通过加入厚重色调及主要色调来加以修饰。

此配色中使用灰色（基调色）及等量的黄绿色，能表现出其乐融融的家庭氛围。

次配色中以灰色为基调色，并使用大面积的浅褐色，能表现出室内氛围。

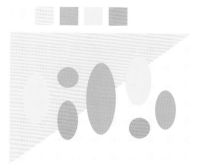

灰色（基调色）及橙色对半使用的配色，倾斜分配，能表现出运动感。

减少灰色（基调色），倾斜加入黄色带状，能表现出光线透射的效果。

基调色：黑

⑧ 正式感的形象

基调色尽可能避免使用黑色，以免对观看者造成视觉负担，及减少强对比度造成的眼睛疲劳。

但是，在表现复古、正式感等形象时，基调色也可以使用黑色。并且，使用时应注意对比度。

◉ 表现正式感的形象

黑色能提升正式感。

能表现正式感形象的事物

礼服
丧服
仪式
派对
绅士
等

大多为婚丧嫁娶中使用的物品。

能表现正式感形象的主要配色示例

❶

基调色为黑色时，与组合色彩形成对比度。暗色之间相互融合，整齐划一。

❷

蓝色原本就适合用于表现正式感，且能与黑色相互协调。以此组合为背景，能强调正式感。

❸

增强对比度，能用于表现简明轻快的氛围。并且，能表现简洁的正式感形象。

❹

采用浅蓝色色调时，会显得老旧。为了避免这种情况，应增加色调。

❺

紫色系等暗色彩几乎接近黑色，能使画面洋溢高贵的氛围。

● 能表现正式感形象的配色排版示例

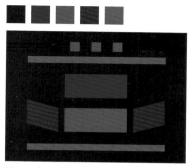

采用正式感形象时，将黑色作为基调色，能使画面
呈现出对称的格调。

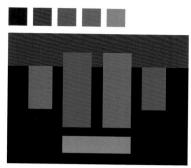

相对于基调色，暗色也能醒目。以这种配色作为背
景，再放上文字或图片之后能使画面呈现轻快感。

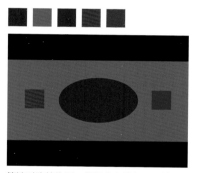

简洁对称的构图，靠近中央的色彩至关重要，应突
出体现。

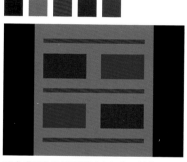

正式感形象应尽可能减少色数，并将同一色彩反复
使用，以使整体画面表现出韵律感。

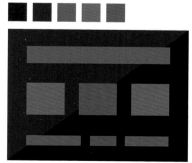

黑色为背景，任何配色都能醒目。利用这种效果，
能够表现出画面的层次感。

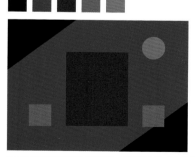

正式感形象适合对称构图，稍稍打破对称就能表现
出动态感。

01

基调色：黑

⑨ 怀旧感的形象

怀旧并不是单纯的老旧，必须融入艺术性。怀旧形象多变，与传统事物、古建筑等息息相关。怀旧也可使用明快的色彩，以呈现出更加丰富的形象。

◉ 能表现怀旧感形象的原理

古典音乐给人以厚重感。

能表现怀旧形象的事物

古典音乐
传统艺术
传统服饰
姻缘
古董车
等

某种意义上来说，大多为高格调事物。

能表现怀旧感形象的主要配色示例

❶

黑色（基调色）和暗红色的组合，可用于表现华丽的形象。

❷

与褐色组合，可用于表现传统、古典，以及木制建筑的柔和感。

❸

黑色和蓝色的组合，可用于表现正式感的古典形象。

❹

与紫色组合，可用于表现贵族的古典形象。

❺

暗黄色与苔绿色的组合，可用于表现日式传统风格。

◉ 能表现古典形象的配色排版示例

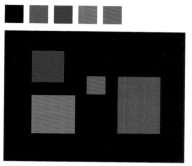

黑色（基调色）放上红、蓝、黄，能使画面在沉稳中体现多彩的华丽感。

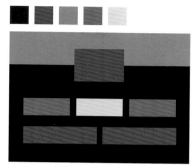

黑色作为基调色，红色系色彩为配色，中央的窗口采用明亮色彩，能给人以漏光的形象。

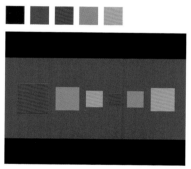

横向布置的红色系色彩，能使画面整体表现出华丽的氛围。

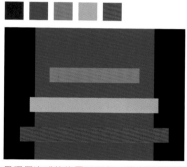

呈现层次感的构图及配色，给人以宫殿般的神秘形象。

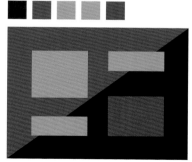

背景被黑色（基调色）和红紫色对半分开，并在上方浮现明亮的色彩。

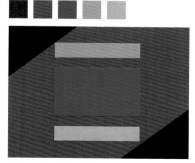

基本对称的构图，中央的四方形为最重要信息。

01

基调色：有彩色
⑩ 利用重点色彩

重点色彩（参照第82页"重点色彩"）就是企业所采用的主要色彩。例如，说到可口可乐，红色等给人特定印象的色彩就是主要色彩。利用画面整体强调企业形象时，基调色可采用有彩色或同色系。

◉ 利用重点色彩

以红色为主要色彩的形象。

以主要色调强化印象的事物

| 可口可乐 |
| 运动队 |
| 银行 |
| 电车 |
| 角色 |
| 等 |

能给人留下印象的企业色彩应具备冲击感。

利用重点色彩的配色示例

❶

以红色为主要色彩时，将同色系的粉色作为基调色，能表现出女性柔和的形象。

❷

以黄色为主要色彩时，明度自然较高，应采用接近的黄色作为基调色。

❸

以橙色为主要色彩时，可以较浅的同色系橙色作为基调色。

❹

以蓝紫色为主要色彩时，可使用对比度强的同色系色彩。

❺

以紫色为主要色彩时，可使用浅紫色为基调色来呈现柔和形象。

◉ 利用重点色彩的配色排版示例

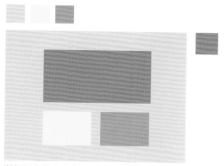

以红橙色为主要色彩时，基调色也会变得醒目，此时应增加红橙色的面积。

蓝紫色的明度低，小面积使用难以体现色调，应增加其面积。

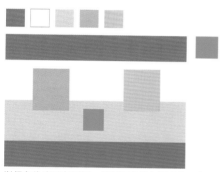

以绿色为主要色彩时，使基调色的色调变灰，能使重点色彩更加醒目。

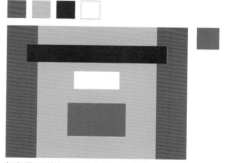

红色是吸引性最强的色彩，即使小面积使用也能醒目。因此，应降低基调色的彩度，或加入补充色。

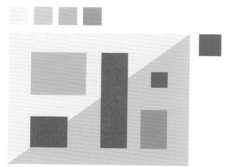

为了维持红紫色的高雅感，基调色应使用明度接近的色彩。并且，重点色彩也可在多个位置使用。

采用蓝绿色时，可以用同色系中最暗色彩作为基调色，来充分衬托重点色彩。

基调色：有彩色

⑪ 强调事件性

将有彩色作为基调色，是变化多端的配色。以不同色彩作为基调色，感觉完全不同，正因如此，最初决定的形象是关键。选择作为基调色的色彩的性质将支配整体效果。节庆相关物品较多采用这种配色，打折销售、展销会等也有采用。

◉ 能强调事件性的配色原理

活动及庆典等多使用许多色彩。

能强调事件性的事物

| 庆典 |
| 祭典 |
| 相亲 |
| 嘉年华 |
| 派对 |
| 等 |

大规模活动至私人活动，均包含在内。

能强调事件性的主要配色示例

❶

黄色的基调色搭配红色，充满了大减价的氛围。

❷

蓝紫色的基调色搭配粉色，能表现出充满活力的派对形象。

❸

绿色的基调色搭配黄色，可用于表现室外派对的活跃形象。

❹

红色系和黄绿色（补充色）的组合，可用于表现充满活力的活动。

❺

紫色（基调色）组合宝石绿，能表现出男性高贵的形象。

◉ 能强调事件性的配色排版示例

热闹活动

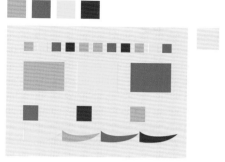

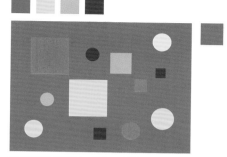

以粉色作为基调色，能表现出女性及可爱的活动形象。

以蓝色作为基调色，能表现出热闹、轻松的活动形象。

刺激活动

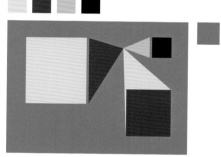

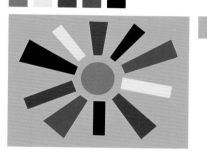

以红色作为基调色，能表现出热闹及能量感的节日氛围。

以橙色作为基调色，能表现出阳光的刺激及释放感的活动形象。

高格调怀旧活动

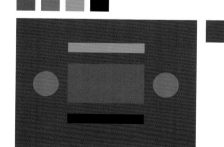

以暗紫色作为基调色，能表现出高格调的怀旧活动形象。

以深褐色作为基调色，能表现出传统及民族的活动形象。

Chapter. 4

02 配色或排版均能传递信息

设计的基础就是交流。有了信息，还要有运用色彩及形状等传递信息的手段。信息包括通知等简单内容，也包括警告等重要内容。需要通过信息强化传递使消费者理解时，应使用特殊的方法。

存在强调信息

◉ 信息内容决定排版样式

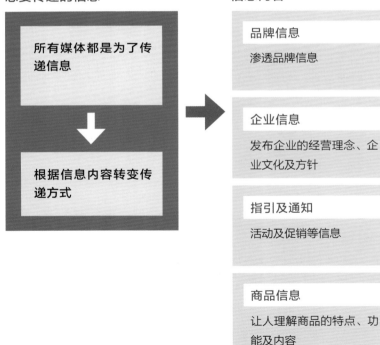

想要传递的信息

| 所有媒体都是为了传递信息 |
| ↓ |
| 根据信息内容转变传递方式 |

信息内容

品牌信息
渗透品牌信息

企业信息
发布企业的经营理念、企业文化及方针

指引及通知
活动及促销等信息

商品信息
让人理解商品的特点、功能及内容

需要传递的信息通常可分为4种模式：
第1种是扩散品牌形象；第2种是企业紧急发
布的经营方针等；第3种是活动、折扣等通
知；第4种是新商品的销售信息。通知中也
有紧急、重要的内容。

采用排版样式

① **主题**　　→ 第82页

使用重点色彩的醒目排版样式。

② **强调**　　→ 第84页

利用色彩及形状等对比的排版
样式。

③ **夸张**　　→ 第86页

使用扩大面积的排版样式。

④ **独立**　　→ 第88页

使用形状围框的排版样式。

⑤ **形成动态**　　→ 第90页

利用斜线、流线等运动设计的
排版样式。

⑥ **说服**　　→ 第92页

利用事例、图表、视频的几何
排版样式。

设计特点

品牌形象

品牌色彩

企业形象

企业色彩

活动形象

活动色彩

商品形象

商品色彩

① 主题
[重点色彩]

在表现特别的主题时，应采用特别强烈的配色方式。并且，因企业色彩为企业的主题色，所以应注意这种色彩的使用方法。这种表现主题的色彩就是重点色彩，重点色彩代表企业，应正确使用。此外，在重点色彩中也可设置商品形象。

◉ 设置重点色彩的位置

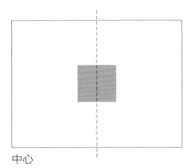

中心

设置于画面中心，其特点是稳定、高品位。

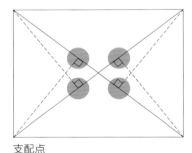

支配点

从四个顶点引线与对角线垂直相交的位置就是支配点，可衬托整体画面。

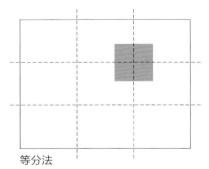

等分法

将画面九等分后，四个交点均为重点，可用于表现方便性及稳定感。

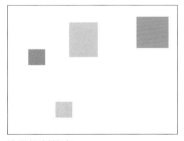

边界抑制效应

感觉层面抑制重点时，可选择边缘等位置。如果是边角位置，有可能吸引视线。

● 能强调主题的配色排版示例

将最重要的主题内容放置于中心，能使画面协调均衡，平凡，但不失格调。

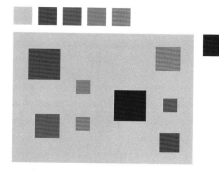

如果在支配点中设置重点色彩，则更容易强调主题。

中心设置重点色彩，并采用非对称构图，能使画面表现出运动感。

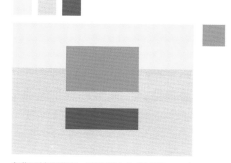

当背景被分割时，可将重点色彩设置于双方交汇的位置。此图中，设置于中央上方的四方形就是采用的这种方法。

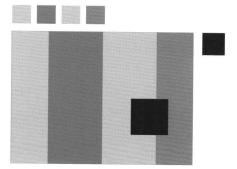

依据分割法，将重点色彩设置于对焦位置，是一种非常简单的设置方法。

利用分割法，将重点色彩设置于对焦位置，即使构图倾斜，重点色彩的位置也不会发生改变。

② **强调**
[对比]

　　为了吸引眼球而需要强调某个特定部分时，可通过色彩进行强调。强调的位置及内容，需要刻意提醒观看者。

　　强调的方法多种多样，应根据时间及场合等区分使用。但是，选择色彩时应注意整体氛围的平衡，并不是一味地追求醒目效果。

◉ **利用对比进行强调**

弱对比虽显得柔和，但不容易让人留下记忆。如果相邻的色彩之间感官近似，就容易被看漏。

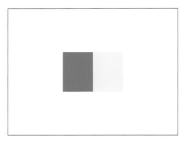

如果增强相邻色彩之间的对比度，就能使画面更显活力，吸引眼球。

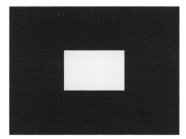

当周围昏暗时，设置少量的明亮色彩也能醒目。但是，应注意避免过度醒目。

当周围明亮时，设置少量的暗色也能醒目。但是，需注意避免明度差异过大。

◉ 能表现强调的配色排版示例

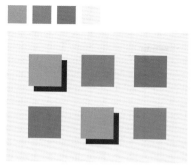

给需要强调的部分设置阴影效果，能使其呈现立体感，漂浮醒目。

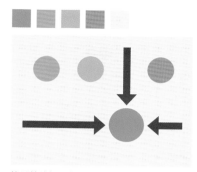

使用箭头标记指示相关部分，能使效果醒目。此图中，箭头的作用得到了充分发挥。

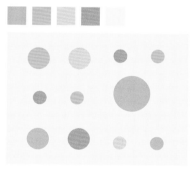

设置大小差异。将需要醒目的事物调到最大，便能达到醒目的效果。

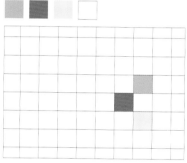

单个无法吸引眼球，但将多个组合到一起便能够吸引眼球。

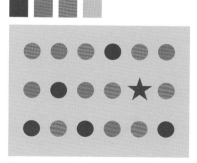

相同形状排列时，仅将需要醒目的内容采用其他形状，便可轻松吸引眼球。

仅一处使用对比度强的组合。强烈的对比度能吸引眼球，使内容醒目。

③ 夸张
[扩大面积]

　　超越强调，想进一步强烈向观看者传递信息时，可采用夸张的手法。通过面积大或吸引性强的色彩，便可实施夸张处理。夸张的方法可采用透视图法或远近法，或者使用高彩度的色彩。

　　此外，有时还会采用变形、放大镜视觉效果等。

◉ 扩大面积的意义

面积太小容易看漏，色调也会损失，信息内容也易被稀释。

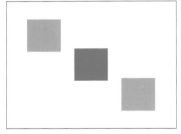

即使面积足够大，如果周围带有同等内容，也容易被同化。

占据画面整体1/4的面积，并放置于中央，能增强观看者的印象。

将基调色等覆盖画面整体，能加深画面的潜在印象。

◉ 能表现夸张的配色排版示例

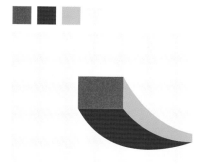

利用透视法，能够夸张地表现前端的色彩（红）。

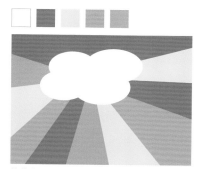

将线条集中于白云，便可轻松地将观看者的视线引导于此。将标题放入云中，效果明显。

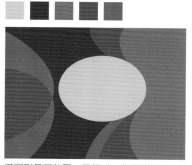

椭圆形虽不华丽，但相对于背景的昏暗、扭曲的花纹而言，显得明亮、醒目。

模拟透视图效果，突出绿色的长方形，能集中观看者的视线。

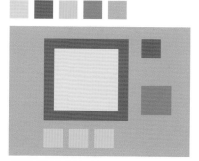

需要强调的色彩被网格围住，醒目效果。加粗网格，且网格底色采用强烈的色彩，会更加吸引眼球。

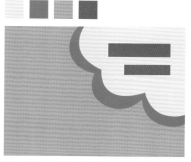

通过制作一个明亮的边角，吸引眼球，能使信息给人留下深刻的印象。

④ 独立

[围框]

在需要观看者关注的特定位置，如需要强调杂志、网页的专栏内记述的信息时，通常可采用独立衬托的方法。

当同样倾向的记述信息排列在一起时，可将特殊信息围起来，使其独立。

◉ 改变氛围就能吸引眼球

当四周都是文字信息时，用网格框住就能使特定内容独立。

将形状及色彩等要素交替使用，也能吸引眼球。图中，圆形及色块的使用便能吸引眼球。

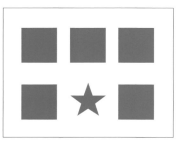

当同样的形状、色彩排列在一起时，如果有一处采用其他形状，便能起到独立、醒目的效果。

炸弹标识是醒目效果的常用方式。放射状的扩散效果，使吸引力更加强烈。

◉ 能表现独立的配色排版示例

此框线使用的暗蓝色，虽非醒目的色彩，但用线围起来便能表示独立。

亮色，且色调数量多。但是，效果不如大面积使用色彩及高彩度的色彩好。

使用与底色不同的白底，可使效果独立醒目。

需要特别关注的部分，可使用不同的色彩为底色。其次，如果用框线围起来，也能与其他部分区分开来。

为了使人能注意特定位置，运用色彩是很有效的方法。但是，色彩不能太过强烈，否则会影响正常阅读。

炸弹标识最适合采用红色系。图中，在稍稍超出格式的位置便采用了重点色彩加以突出。

⑤ 形成动态
[倾斜·动态]

人的目光总会自然关注动态事物。例如，所有人保持静止时，如果有一个人稍有动作，就会受到关注。可以说，排版的关键就是要制作出运动感（动态）。只需将构图倾斜设置，就能轻松获得动态感。此外，重复同一动作的"韵律感"也是一种动态。

◉ 动态的原理

水平构图，虽能表现稳定感及开放性，但是，没有动态条件，难以吸引目光。

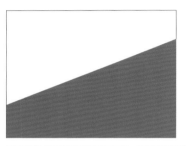

只需倾斜构图就能产生动态感，且能吸引目光。

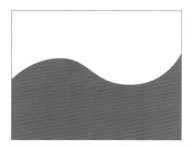

使用波浪形，能形成生物的动态，更容易吸引目光。

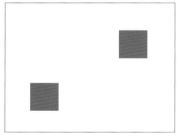

只需两个方形也能产生韵律感，由此形成动态，并吸引目光。

◉ 能表现动态的配色排版示例

通过带有角度的线头，形成带有角度的构图，能使画面韵律感及动感兼具。

最单纯的倾斜分割构图。采用红色支撑黑色，很好地体现出了弹性的动感。

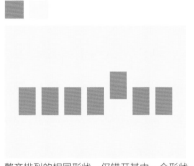

整齐排列的相同形状，仅错开其中一个形状，就能打破节奏。即使小范围的动态，也能吸引眼球。

浅色的多米诺倾倒的构图，能让人感受到静谧的动态。

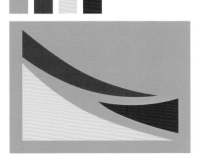

倾斜掀开书页的构图，使画面表现出了复杂的动态。并且，能将视线集中到跃起的位置。

细线条构成的台阶状构图，使画面表现出韵律感。观看时，能让人心情兴奋。

存在强调信息

02

⑥ **说服**
[运用视频]

具有说服力的设计是基本要求，其内含就是信息。但是，根据信息的位置不同，其说服力也会产生差异，这就是视觉心理所造成的结果。现在包含视频效果的网站越来越多，视频的说服力大，只要选对位置，就能发挥更佳效果。

◉ **根据位置产生差异的效果**

主要体现视频时，如果将其设置于画面中心，目光就会完全集中于此。

如果将视频位置设置于右上方，给人的感官效果最为稳定。此外，这也是刚开始吸引目光的位置。

如果设置于右侧方，会因上下位置受到关注，而减弱观看视频位置的效果。

左下方是最被忽略的位置。从视觉心理层面考虑，过去的形象会增强。

◉ 能表现说服力的配色排版示例

在视频网站观看视频时，若将上方放大设置，下方就会让人感觉不稳定。

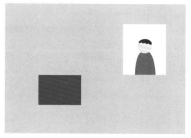

右上方的视频能引起观看者的好奇心，有时也能使人产生潜在的期待感。

将视频设置于中央左下方时，虽非方便观看的位置，但可通过在上方设置小照片，来引导视线。

将素材设计围绕在视频四周时，能让人专注于视频，且绝不会影响注意力。

将视频布满整个画面，并在右侧附带解说。大多数信息都适合通过视频来传达。

当需要上下分开观看视频时，应设置于左侧，而非右侧。左右两侧观看，容易分散观看者的注意力。

表现稳定感

常规排版最重要的基础就是重视稳定感，稳定感是指能够让观看者专注观看的设计。

存在稳定感的事物，不仅能够让人加深理解，而且更容易让人获得认同感。并且，稳定感也是对观看者的关怀。

◉ 稳定感是对观看者的关怀

目的

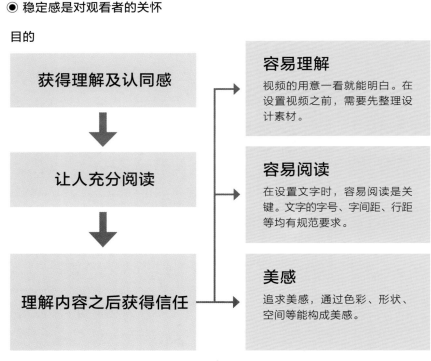

获得理解及认同感

容易理解
视频的用意一看就能明白。在设置视频之前，需要先整理设计素材。

让人充分阅读

容易阅读
在设置文字时，容易阅读是关键。文字的字号、字间距、行距等均有规范要求。

理解内容之后获得信任

美感
追求美感，通过色彩、形状、空间等能构成美感。

　　稳定感与排版技巧如何高超并无关联，如何有效呈现内容才是关键。并且，稳定感的构成方法必须考虑几种条件。

　　在排版布置之前，需先目视确认空间的平衡及面积。并且，还可利用之前介绍的对称等配色排版的方法和技巧。

● 稳定感

将设计素材平衡设置，并使用不会对观看者造成视觉负担的排版。

● 可靠感

粗浅的排版缺乏可靠感，精心设计的内容可增添可靠感。

● 理解

容易阅读的视觉效果，能够加深观看者的理解。

● 认同感

排版就是为了获得认同感，并不是为了引起观看者的反感。

① 形成格调　　→　第96页

左右对称式的排版能让人感觉整齐划一。

② 制造紧张　　→　第98页

估测左右设计素材的视觉重量。

③ 赋予希望　　→　第100页

上方及下方的使用方法是关键。

④ 流畅阅读　　→　第102页

始终留意中心线，制作次序。

⑤ 增加厚重感　　→　第104页

面积会对稳定感产生较大影响。

⑥ 感受平和　　→　第106页

水平视角与画面的广度紧密相关。

① 形成格调
[对称]

当需要格调或品味时，如高级货品、品牌广告中经常就会使用到对称。在左右对称状态下，画面会具有稳定感，能让人感到高格调。为了突出格调，可尽可能减少设计素材的量，使画面保持简洁。

◉ 对称的种类及功能

左右对称

最常用的就是这种对称方式，风格独特，稳定感卓越。

旋转

制作相同形状围绕中心点旋转的状态，是一种动态效果强的对称。

移动

制作相同形状在线上移动的状态。可用作花边等，表现韵律感。

扩大

形状朝着某个方向扩大的状态。能使画面呈现动态，且冲击感强。

◉ 能表现格调的配色排版示例

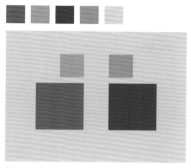

色彩形象选择"格调"。画面采用的是一种左右对称式的排版,给人以稳定感。

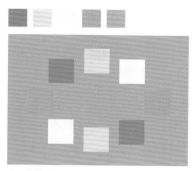

应用旋转的对称。通过完整的构图,强化动感。

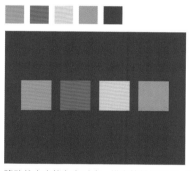

移动状态也能左右对称。横向简单地排列,就能让人感到格调。

左右对称,还有旋转效果,能让人感到广度。

点对称。看似散乱,其实统一。

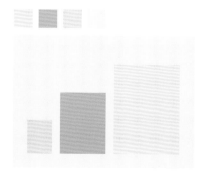

放大的对称。逐渐增加大小,能使画面呈现强有力的动感。

② 制造紧张
[左右平衡]

在设计中紧张感必不可少，能够形成视觉冲击力。杂乱的排版中感受不到紧张感，紧张感就是视觉之间的平衡。所以，保持平衡就能获得最合理的紧张感。稍有偏差就会打破平衡，所以应重视制作紧张感。

◉ 紧张感的制作方法

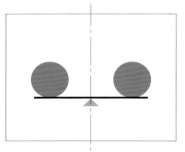

将相同形状及色彩的物体放置于天平上，并使正中央保持平衡，这是一种左右对称。

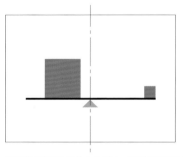

使重物接近支点（中心线），轻物远离支点，这样也能获得平衡。

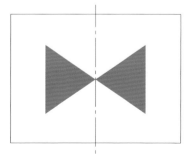

将中心线上的点对称，并集中于一点，能产生强烈的紧张感。

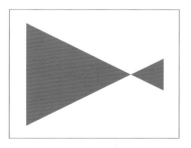

此图是扩大对称的应用示例。大小的对碰，使画面的紧张感增强。

◉能表现紧张感的配色排版示例

在中心线附近，将视觉重心拉近重物，远隔轻物，从而形成画面的紧张感。

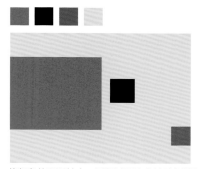

将红色的面积扩大，再通过两个小的暗色调与其对抗，从而实现平衡。

右侧两个色彩并不浓重的四边形，与左侧边缘小暗点的对比，形成了画面的紧张感。

色彩中最为浓重的就是红色，而能够与其对抗的就是暗色。黄色清淡，可以忽略不计。

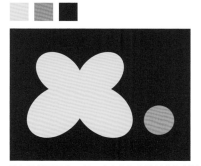

黄色虽然面积大，但一个小的红色块就能与其抗衡。

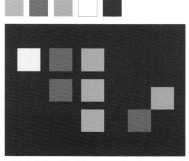

通过改变方形排列的重量，使6个对2个也能获得画面的平衡。

③ 赋予希望
［上下平衡］

排版不能给观看者造成压力，而是应始终能使其感到希望。使画面阅读顺畅，上下平衡是关键。并且浓重色彩位于画面的上方还是下方，其感觉也会完全不同。

◉ 上下平衡的制作方法

上方大面积使用暗色，会使人感到压力。

浓重色彩位于下方，会使画面呈现出过于稳定的倾向。

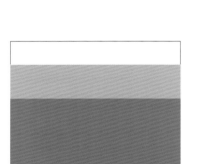

为了缓和过于稳定的下方，中间夹入亮色带，画面顿时涌现出希望。

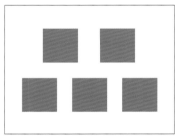

将下方色块的个数增加一个，画面的稳定感也会随之增加，并呈现出积极朝向未来和充满希望的效果。

● 能表现赋予希望的配色排版示例

在画面上方大面积使用白色，能让人心情爽朗，充满希望。

缩窄上方的白色，并在下方设置能让人感到希望的色彩，会让整体画面充满希望。

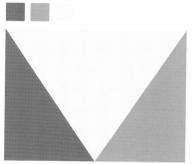

朝向上方展开的构图，能让人感到开放感。并且，使用的色彩形象就是希望。

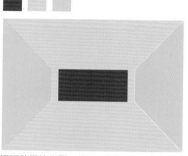

远近效果的构图，使画面呈现出立体感。对所使用的色彩希望产生较大影响。

下方的暗色至上方的亮色，是能使画面涌现出希望的构图。

在画面上方大面积使用亮色，再在下方设置色调不同的3种色彩，能使画面整体呈现出希望的形象。

④ 流畅阅读
[利用中心线]

排版的重要规则之一就是制造次序。此时，需要利用中心线，使人能够流畅阅读。如果次序不流畅，观看者就会失去继续阅读的兴趣。为了制造次序，需要具备视觉引导等知识。

◉ 注意中心线

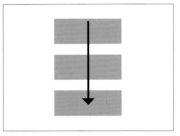

如果设置标题时注意中心线，观看者就会自上而下阅读。

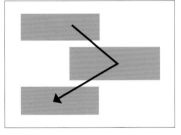

三个形状错开，彼此之间相互接近，也能使观看者由上而下流畅阅读。

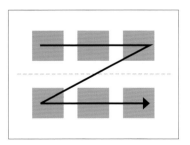

在画面上方和下方之间加入分割线，能使观看者的视线从左至右移动。

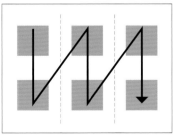

即使上方和下方之间敞开，通过加入分割线，也能使观看者由上而下流畅阅读。

◉ 能使人流畅阅读的配色排版示例

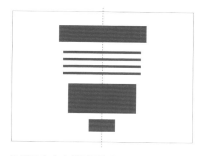

如果对齐中心线设置标题，可使人由上而下流畅
阅读。

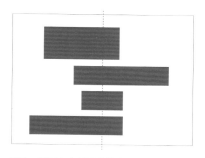

即使，错开左右只要夹住中心线，也能使人由上而
下流畅阅读。

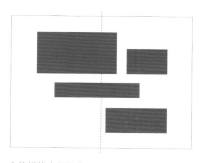

人的视线容易聚焦于体型较大的事物。之后，便能
沿着中心线依次阅读。

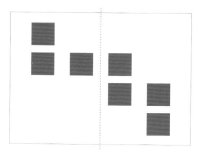

如果将相同形状进行连接，人的视线也会随之沿着
动线追踪。

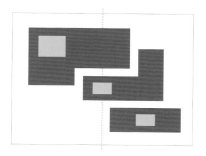

即使形状各不相同，人物视线也会追踪同种色彩
（图中使用浅蓝色的部分）。

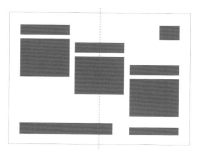

同样面积的形状呈台阶状朝向下方，也能吸引人的
视线。

⑤ 增加厚重感
[形成面积]

在表现老店、传统事物等，需要在设计画面中体现厚重感。若想通过色彩表现厚重感，就应从厚重的色彩形象中进行选色，然后注意空开画面上方，在下方设置厚重色彩。如果将厚重色彩设置于上方的话，容易让人产生压力。

◉ 将厚重感施加于画面下方

将横向展开的暗色调长方形设置于画面下方，能形成厚重的稳定感。

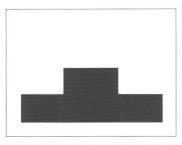

通过画面下方上方小、下方大的金字塔效果（三角形构图）进一步增强了厚重、稳定感。

被左右形状夹住的大面积方块，使画面整体显得坚固、抗压。

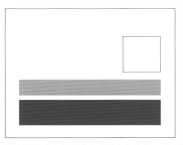

下方浅色（上）及暗色（下）的物体，给人以朝向下方施力的感觉，从而使画面呈现出厚重感。

◉ 能形成厚重感的配色排版示例

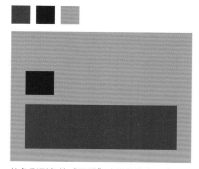

从色彩形象的"厚重"中进行选色。在画面下方设置暗色，简单却能让人产生可靠感。

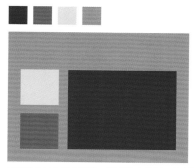

将暗色集中于画面下方，虽非动态效果，但内涵深厚。

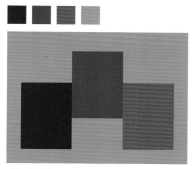

暗色的金字塔效果构图，使画面呈现出稳定感。而且，还有一些动感。

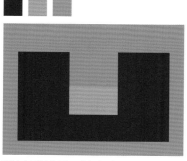

粗U字形的构图，中间部分呈现一种厚重感，让人感觉可靠。

配色相同的几种四边形，朝向下方部分的色彩浓重，给人以厚重感。

画面分为上下两个部分。下方采用暗色，能给人以稳定的印象。

⑥ 感受平和
[水平视角及广度]

　　在设计中，稳定、平衡的形象经常被采用。为了表现出平和形象，采用较多的是水平效果的构图。水平构图的广度呈现，能让人敞开心扉。

　　背景稍带水平效果，也能让人感到平和。而且，从中央展开的构图也是如此。此外，相对于平和形象，纵向线条则更能表现崇高形象。

◉ 线条状设置的暗色让人感到开放

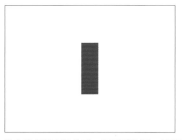

纵向线条没有开放感，平和形象弱，但崇高形象增强。

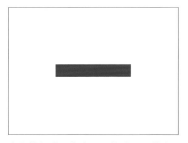

水平线条除了能表现开放感，还带有平和形象。但是，不需要使用太多线条。

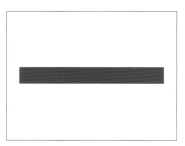

较粗的水平线条，能表现更为强烈的平和感。而且，作为背景使用也有同样的效果。

将水平线条的正中央断开，左右两端留下，也能让人感受到开放感及平和形象。

◉ 能让人感受平和的配色排版示例

彩色形象为"平和"。在画面下方设置两条水平线条，能进一步强调开放感。

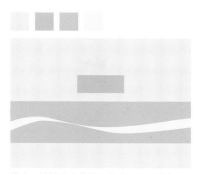

横向延伸的稳定曲线，能使人感到动态的平和感。并且，也可用于背景。

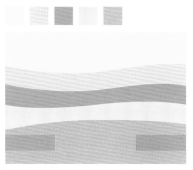

平缓波动的三等分横向线条，能酝酿出自然、平和的氛围。

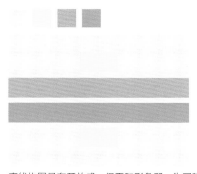

直线构图具有开放感，但平和形象弱。为了弥补这个缺点，在画面上下方分别设置了四边形。

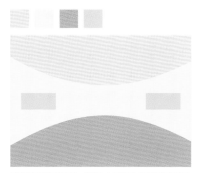

两侧渐宽的构图，能让人感到对平和的期待。

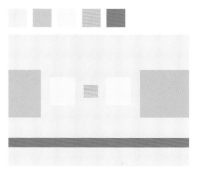

由远及近的方向形成了画面的空间感、开放感，下方的水平线则强化了平和形象。

施加刺激感

用于交流的设计效果中需要刺激感。刺激感具有4种效果，包括吸引眼球、感悟、引起好奇心以及留下记忆，这也是排版的基础之一。但是，施加刺激并不仅仅是引人注目，方便阅读的要求始终不变。

◉ 刺激感就是大小不同的视觉反应

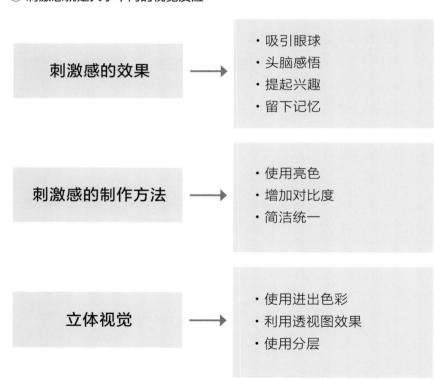

刺激感的效果	→	・吸引眼球 ・头脑感悟 ・提起兴趣 ・留下记忆
刺激感的制作方法	→	・使用亮色 ・增加对比度 ・简洁统一
立体视觉	→	・使用进出色彩 ・利用透视图效果 ・使用分层

　　刺激感就是对观看者施加的视觉刺激，
这种刺激有强弱及软硬之分。没有刺激感的
排版不仅让人看不下去，甚至会引起睡意。
刺激的制作方法与色彩及形状有很大关系，
应根据目的改变刺激的效果。

① **单纯刺激**　→　第110页

在统一的次序中加入不同元素，产生刺
激感。

④ **尖锐刺激**　→　第116页

尖锐形状及冷色系的组合，能产生接近
痛感的刺激。

② **强烈刺激**　→　第112页

利用放射效果，获得吸引眼球的刺激感。

⑤ **巨大刺激**　→　第118页

当大小的对比度差异较大时，能产生巨
大的视觉刺激感。

③ **浓烈刺激**　→　第114页

晃动的形状及暖色系，能形成充满暖意
的刺激感。

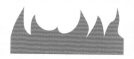

⑥ **穿透刺激**　→　第120页

3D的浮动效果，能使刺激感强化。

① 单纯刺激

[简洁]

通常，在排版过程中应注意使用单纯刺激。可通过配色中相邻的色彩之间的对比度，来制造单纯刺激。

相邻色彩之间的对比度能使大脑产生适度刺激，并通过刺激大脑的海马体，使人产生记忆信息的效果。

◉ 简洁设计能让人增强印象

如果有许多相同形状，这种形状就能留下印象。

简洁化处理之后，形状的印象得到强化。

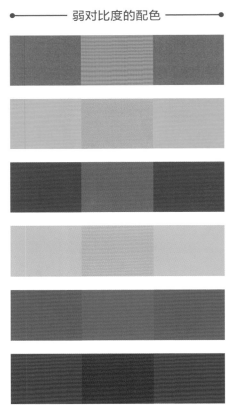

—— 弱对比度的配色 ——

如果没有对比度，即使采用高彩度的色彩，也会让人产生倦怠感。

◉ 单纯刺激最受欢迎

占据画面1/10左右的强对比度形状，能给人施加单纯刺激，这也是最简洁的构图。

上方1/3左右的白色增强了画面整体的对比度，从而形成单纯刺激。

稍大的暗色四边形，在其上下分别设置浅色块以缓和暗色四边形所带来的刺激感，调整为单纯刺激。

画面采用了对比度强的形状刺激构图，在中央又设置了圆润形状以缓和刺激。

与白底对比度强烈的色彩，通过三等分设置也能缓和刺激。

在强势形状处设置一部分浅色，也可减弱刺激。

② 强烈刺激
[放射]

通过最大限度提升配色的对比度，可获得最强烈的刺激。之所以需要这种刺激，是为了吸引眼球。如果长时间观看，会对人产生强烈刺激，造成眼睛、神经的疲劳。这种刺激效果，可用于海报、网页的首页等。在设计时，可应用色相或明度的对比效果，或利用刺激感强的放射效果。

◉ **放射就是能量的散发**

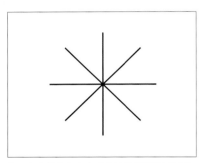

从一个点朝着各方向延伸的线就是放射效果，其刺激感强烈，是最具吸引性的效果之一。

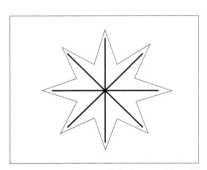

将反射线加上轮廓之后会变成星形，其吸引性提升。而且，炸弹标识也是同类效果。

—— 强对比度的配色 ——

这就是色调对比度的样本。接近补充色的配色效果，能大大提升刺激的强烈程度。

◉ 放射获得开放感

色彩形象强烈，红橙色的放射效果吸引目光。

在放射（白色线条）上设置醒目色彩，能给予观看者强烈刺激。

虽然画面下方带有两条对比度强烈的色带，但红色的星形依然更加吸引目光。

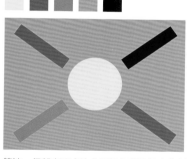

简洁，但朝向四个边角延伸的线头带有放射效果。而且，中央的黄色也被有效衬托。

虽然画面中设置了许多设计素材，但规整的炸弹标识仍然最吸引目光。

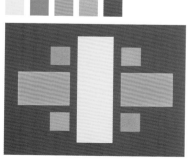

此构图的原型为放射。中央的纵向黄色块给人以压迫感和刺激感。

③ 浓烈刺激
[暖色系]

强劲有力的配色能给人以压迫感，同时也产生刺激感。在排版过程中，有时需要施加浓烈刺激。浓烈刺激需要利用热度，热度就是暖色系的配色。暖色系色彩的波长较长，在远处也能看得清，能对人施加压迫性的刺激。

◉ 大幅度晃动就是热度

这就是火焰的效果。摇摆晃动的形态及色彩，能使画面产生浓烈的刺激。

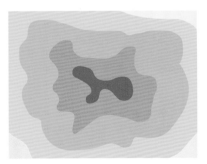

使用渐变效果表现热浪扩散的状态，能使画面产生压迫性的刺激。

暖色系的配色

能让人感到热度的暖色系。红色及黄色的配色尤其能让人感觉到热度。

◉ **热度感染**

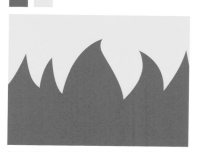

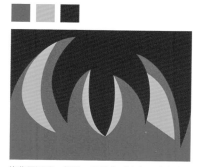

色彩形象为"生动"。红色与黄色的强配色使画面激发出浓烈感。

将背景调暗，能进一步强化对比度，让人感到浓烈。

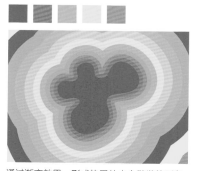

单纯的螺旋状就能使画面呈现跃动感，但暖色系的强烈配色更能吸引目光。

通过渐变效果，形成热量从中心散发的形象。

通过暖色系的炸弹标识和强烈对比度的背景，来增加画面色彩的浓烈程度。

炸弹标识加入旋转效果，使画面动感强化，吸引性提升。

④ 尖锐刺激
[冷色系]

所谓刺激，就是越痛越刺激。尖锐的刺激，犹如刀刺入身体般的疼痛。为了表现尖锐感，可使用冷色系的色彩。前端尖锐的形状也具有同样效果。科技新闻、先进技术等内容，通常需要使用尖锐的效果。

◉ 锋利物体就是尖锐

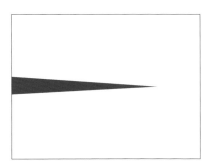

锋利的针形，能产生尖锐感、速度感。

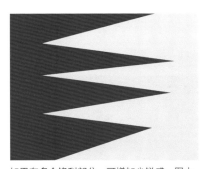

如果有多个锋利部分，可增加尖锐感。图中，形状及底色均采用尖锐效果。

冷色系的配色

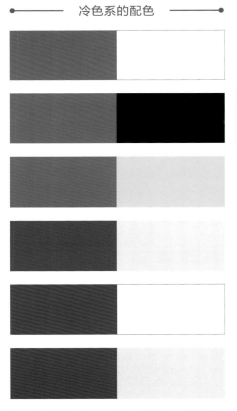

让人感到尖锐的配色，主要采用冷色系。冷峻刺激的同时，让人凝视。

◉ 冷色让人放松

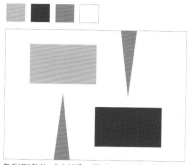

色彩形象为"尖锐"。图中，利用与白色底色的对比度，来突出尖锐效果。

如果顶端使用两个锋利形状，尖锐的效果也会倍增，能让人感到先进的形象。

两个锋利形状朝向右上方的尖锐构图，给人以指向未来的刺激。

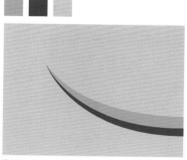

通过两种色彩描绘弧线，使画面呈现出强烈的速度感。简洁，印象深刻。

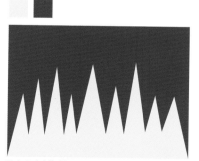

从上方穿刺般的尖锐效果，透过寒意让人感受到恐怖。

V字形让人感到开放，但尖锐的前端让人感到速度感及立体感，能很好地吸引目光。

⑤ 巨大刺激
[阴影及面积比]

如果眼前突然出现巨大物体，会让人惊愕。这与惊喜的效果相同，通过刺激给人留下深刻印象。

这种配色为瞬间效果，长时间观看反而会引起逆反效果。所以，适合用于紧急传达重要信息。

● 巨大刺激与惊喜相同

占据绝大多数版面的红色圆形，让人感到巨大。通过阴影突出，使圆形产生前进的效果。

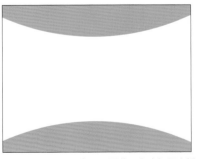

上下圆弧采用醒目色彩。因此，白底如同宽银幕般被扩大展开。

膨胀色的配色

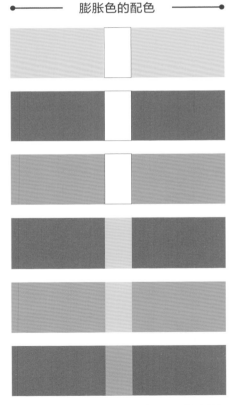

膨胀色对呈现巨大状态有效。当然，面积的对比效果也会产生影响。

● 能刺激大脑的配色

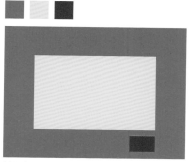

被红色围住的黄色，能给人以剧烈刺激。观看的瞬间，惊讶之情脱口而出。

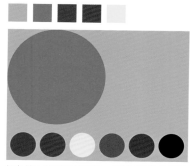

红色的大圆形极其醒目。暖色系通常为膨胀色，能给人以巨大刺激。

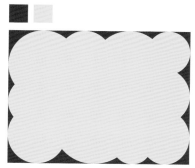

被封入的黄色朝向四周释放能量。

朝向上方释放的能量、红色及黄色所构成的刺激感巨大。

倾斜布置的红色被暗色围住，能将人的视线吸引至上方。

橙色对上下施加压力，并协助压迫内侧的红色。

⑥ 穿透刺激
[透视图]

设计师需要费心考虑的就是如何从平面内获得穿透刺激。穿透之久就能吸引目光，并给人留下深刻记忆。

穿透刺激经常使用的就是透视图及阴影。透视图虽呈立体效果，但无法完全衬托画面的氛围，还需要色彩进一步为其增加立体感。

◉ 穿透效果就是透视图和阴影

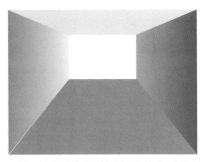

通过阴影或透视图法就能呈现立体感。阴影若为渐变，效果则更显真实。

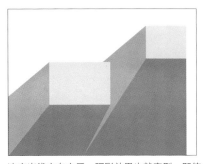

决定光线方向之后，阴影效果也就定型。即使不采用分层，也能体现穿透效果。

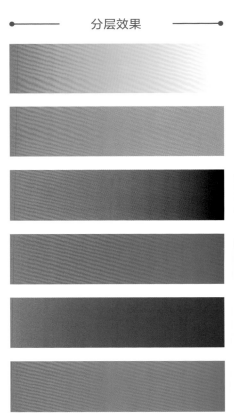

分层效果

分层立体呈现的方法，包括色相、彩度、明度。

● 立体穿透的刺激感强

将中央设置为白色，周边采用红色渐变，能使白色
呈现出穿透光线的效果。

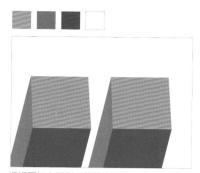

透视图加上阴影，能使穿透效果增强。

在渐变中加入阴影，就能呈现出自然的立体感，能
给人白色的面穿透至眼前的感觉。

图中渐变为台阶状色彩变化，如同彩色手工纸重叠
穿透的效果。

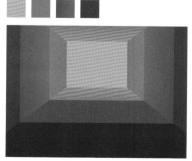

调暗周围，增亮中间，能使画面呈现出奇妙的立体
感。并且，对透视图的作用产生影响。

渐变使用各种色彩，使圆柱形得到立体呈现。

Chapter. 4

05

让人感动之美分为很多种

让人感动需要传递美感信息。美感如同感性风向标，可分为许多种类。不能仅仅只掌握一种美感，而是要根据目标区分使用。

美感原本属于美学定义，但设计中打动人心的事物就是美感。

营造美学效果

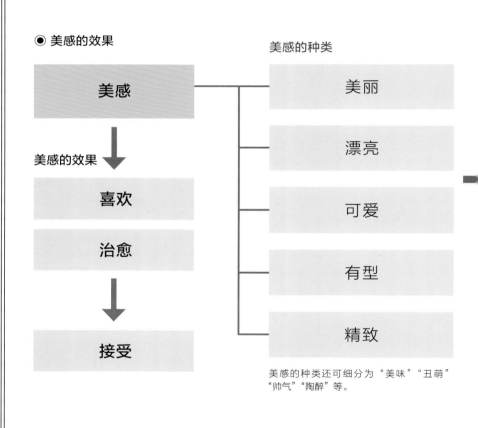

◉ 美感的效果

美感

美感的效果

喜欢

治愈

接受

美感的种类

美丽

漂亮

可爱

有型

精致

美感的种类还可细分为"美味""丑萌""帅气""陶醉"等。

　　只要掌握制作美感的元素及手法，谁都能制作出美感。其中，最具代表性的就是"统一"。统一色彩、形状及方向等，就能获得美感。排版的美感除了装饰性美感外，还有经过整理的美感。难以理解、难以阅读的内容，本身就不具备美感。

美学的制作方法

① 赋予秩序
→ 第124页

形及色的统一
如果将各种形状的设计素材混合在一起，就会造成混乱印象。如果统一形状及方向，就能形成美感。

② 形成统一感
→ 第126页

同色系
色调过多，则无法统一。统一一色调，就能够增添美感。同色系的配色方便使用。

③ 收敛
→ 第128页

控制色数
色数是指同种色彩在多个位置配色的数量。色调同样，色数统一也能产生美感。

④ 释放光亮
→ 第130页

高亮度色彩
除了所有亮色，通过混色配色也会产生昏暗的颜色。所以，应少量使用高亮度色彩。

⑤ 形成透明感
→ 第132页

纯色和清色
澄清的氛围及透明感的配色尤其漂亮。纯色及清色（纯色中混入白色）方便使用。

① 赋予秩序
[形与色的统一]

玉石混淆这个成语比喻好坏混杂，混沌的状态。能够改变这种状态的就是秩序，即成就统一感的方法。

将形状及色彩统一，或者仅统一角度也能使画面产生美感。混乱的氛围，肯定会干扰观看者的注意力。

◉ 杂乱也能呈现秩序美感

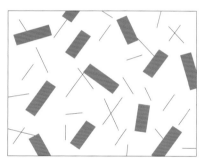

色调统一，但角度混乱的状态无法使观看者的注意力集中。

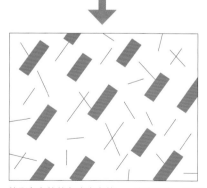

使彩色条块的角度方向统一，产生秩序，即可塑造出美感效果。

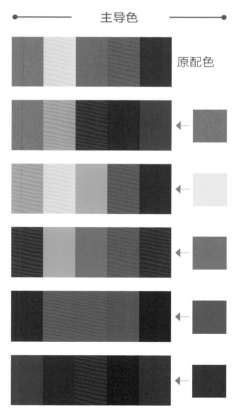

主导色是指从配色中选择一种，与其他色彩相混合，使色彩之间保持共通性，从而使画面呈现美感。

◉ 能展现秩序的配色排版示例

整齐排列的形状和统一成同色系的色彩，使画面充满了美感。

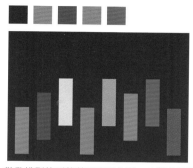

散乱排列的形状若采用同色系，也能使画面产生美感。

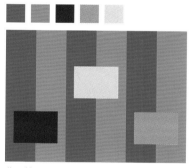

背景使用同色系，靠近上方的长方形使用无彩色，即能实现色调的统一。

将横向排列的色条左对齐，再采用同色系的配色，就能使画面呈现美感。

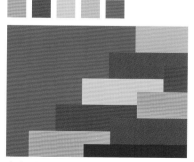

多种形状的排列，虽然显得混乱。但是，如果色调采用同色系的话，则能使画面充满活力及统一感。

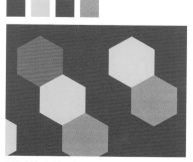

采用黄绿色的同色系配色，使画面呈现统一感，让暗色中涌现出来的色彩，整齐划一。

05

② 形成统一感
[同色系]

当画面中的色调多时会显得热闹，特别是狂欢节等氛围必须通过多彩色调来表现。但排版重视可读性，如果色调过多则难以维持观看者的注意力，信息传递就会变得含糊不清。在设计时，应减少所用色调（色相），并通过同色系来实现统一。

◉ 统一能够应用到所有设计中

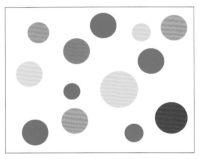

色调多能使画面产生节日的氛围，不过虽看得欢乐，但会让人缺乏集中力。

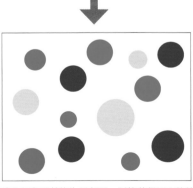

将主要色彩替换为同色系，则能获得画面的统一感，提升观看者的集中力。

同色系的配色

同色系是指相近的色相。无论明暗，只要色调相近就能用于配色。

● 能表现统一感的配色排版示例

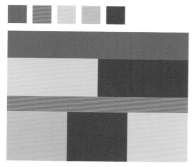

采用红色系配色，即能在无损红色活力的状态下，表现画面的统一感。

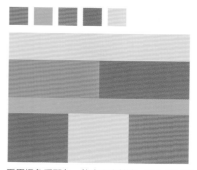

采用橙色系配色，能表现出健康、活力的氛围。

采用黄色系配色，是会让人觉得在明朗中带着沉稳的配色效果。

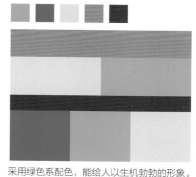

采用绿色系配色，能给人以生机勃勃的形象。

采用蓝色系配色，可使画面获得放松、提升集中力的效果。

采用紫色系配色，可使画面表现出高贵及神秘的氛围。

③ 收敛
[控制色数]

在画面中，设置色彩的位置越多越会显得喧闹。即使5至10处使用相同的色彩，并通过色彩的重复产生韵律感，但也会产生喧闹的问题。即使画面显得充满活力，也很难让人能安静下来阅读。这种情况下，应整理色数。

● 减少色数的效果

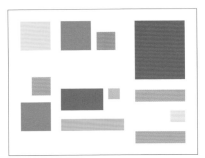

12处上色的效果。色彩分别具有独立的吸引性，使画面显得散乱。

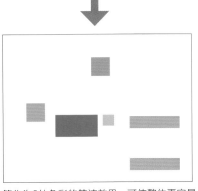

简化为6处色彩的简洁效果，可使整体更容易阅读。

—— 减少色数的配色 ——

减少色调也是收敛的方法之一，即在没有其他色调的情况下，仅表现这种色彩的形象。

◉ 能表现收敛的配色排版示例

减少色数，并进一步减少色调，能使绿色的效果更
突出。

边缘的黄色能吸引视线，犹如夜空中发光月亮的
形象。

此图中减少了色调及色数，仅保留了两种色彩，使
蓝色的色彩效果得到增强。

将画面中的色彩收敛为黄色和绿色，能表现出爽
朗、健康的形象。

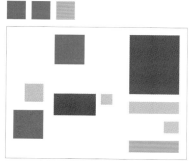

此图中仅保留了3种色彩，使两种红色系色彩的效果
影响得到了增强。

蓝色系色彩可以表现出舒适、轻松的氛围。

④ 释放光亮
[高亮度色彩]

在设计时较多地使用澄清的色彩及灰色，会使画面显得暗沉。这种效果虽具有鉴赏价值及品味，但设计必须给人留下印象，因此，需要采用一定的光亮效果。虽说如此，但并不是要像灯光那样闪闪发光，而是在画面中只加入一处光亮也能产生活力的效果。

◉ 发光物体能吸引眼球

在显示器上表现光亮很简单，但印刷时也要呈现光亮效果。

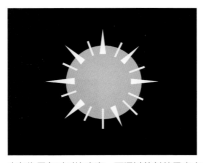

底色为黑色时对比度高，可通过放射效果来表现光亮。

——— 高亮度的配色 ———

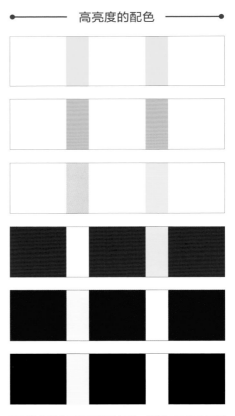

在有限位置少量使用发光色彩，能使画面整体呈现光彩。

◉ 能释放光亮的配色排版示例

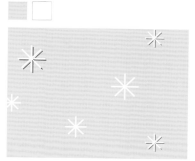

黄色背景本身就会放光，进一步加入发光效果，可使画面效果得到进一步加强。

白底中黄色不会产生效果，但只需加入阴影线条，就能呈现出星光熠熠的效果。

星形能产生放射的视觉心理，这样就能表现星光。

描绘流星的运动轨迹，如同星星划过夜空。

使星星的轨迹变成弧线，仿佛能让人听到流星咻咻划过的声音。

从一颗星星飞出许多小星星，并使大星星呈现更大的光亮。

⑤ 形成透明感
[纯色和清色]

澄清的河流及彩色的玻璃，都能在透明感中展现精美。透明的发色打动人心，透明感就是最高品味的美感之一。

纯净的纯色和混入白色的青色，是能体现透明感的配色效果。原本在显示器中为透明发色，但无意识地使用也能呈现优美画面。

◉ 透明感和透明有所区别

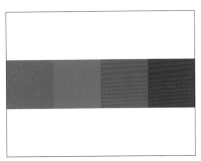

纯色表现澄清的发色效果。通过这种色彩的使用，能使色彩世界大为不同。

红色带加入水蓝色透明色带，实际为红色和水蓝色混合而成的色彩。

透明感的配色

纯色和清色的配色，能获得透明感。澄清的发色，能让人心灵放松。

◉ 能表现透明感的配色排版示例

水蓝色的底色上加上了深蓝色的色条,能很好地表现出透明感。若使用同一色系,这种效果将特别明显。

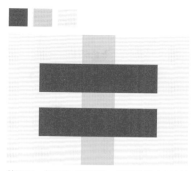

使用同一色相构成的配色,能使整体表现出透明感。

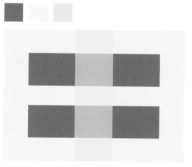

在绿色上方增加黄色的透明色条,能达到混色的效果。

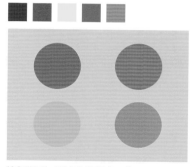

棕色背景与4种色彩相混合,使画面呈现出通透感。

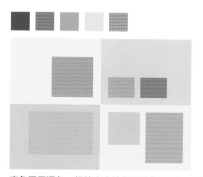

底色采用混色,能使上方的色彩整体呈现透明感。

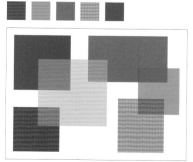

仅在重合部分施加混色,就能使画面呈现出透明效果。

Chapter. 4

06

任何事物都要考虑新鲜度

注意活力

不是任何让人愉悦的事物都能用于传递信息。优美的音乐、漂亮的风景，都会让人因心情过度放松，而产生睡意。消除睡意，大脑中海马体的记忆大门就会打开，信息就能被顺利吸收。

为了能让观看者记住信息，必须注意保持画面的活力。

◉ 生动的设计容易让人接受

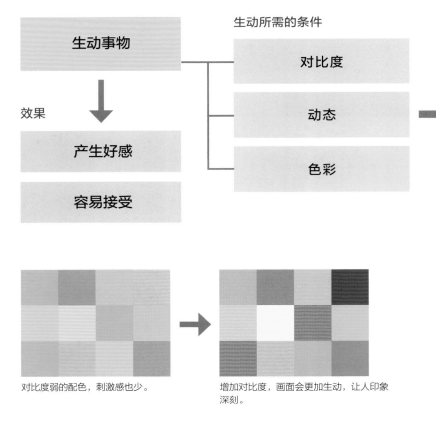

生动事物

生动所需的条件

对比度

效果

动态

产生好感

色彩

容易接受

对比度弱的配色，刺激感也少。

增加对比度，画面会更加生动，让人印象深刻。

在色彩的世界中，也有优美的旋律。
通过平和的配色，虽能表现毫无棱角的柔和
感，但看上去就会让人产生睡意，而能打破
这种局面的就是活力。人容易被生动的事物
刺激，从而产生好奇心。为了能获得生动的
效果，运用色彩的基本手法极其有效。

美感的制作方法

① 表现节奏 → 第136页	色彩的节奏 相同形状、相同色彩的重复就能产生节奏。	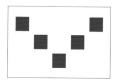
② 强调色 → 第138页	强调色 只有同色系的画面容易单调，而能打破这种单调的就是强调色。	
③ 破格 → 第140页	破格的效果 相同形状的排列容易显得无聊，仅需错开一处，就能表现出细微的动态。	
④ 分隔 → 第142页	分隔的力量 相对于色调近似融合的色彩，分割开来即能够突显色彩。	
⑤ 多色表现 → 第144页	多色表现的优点 集中色调或色数是基础，但使用较多色调也能获得相应的效果。	

① 表现节奏
[情绪活力]

"按部就班就是单调。"看似精雕细琢的排版就容易出现这样的问题。穷尽心思的排版，却让人感到单调难免得不偿失。

遇到这种情况时，应使用节奏表现。具有节奏的作品能让观看者感到新鲜刺激感，而这种节奏主要应用于背景中。

◉ 节奏只能用于背景

相同形状的重复能够使画面产生节奏感。画面单调时，应在背景中使用节奏表现，且避免对正文产生干扰。

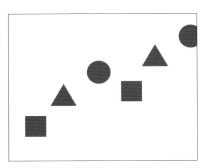

相同色彩的重复能够使画面产生节奏感，而根据形状的不同，节奏感的强弱等也会产生变化。

— 能表现节奏的配色 —

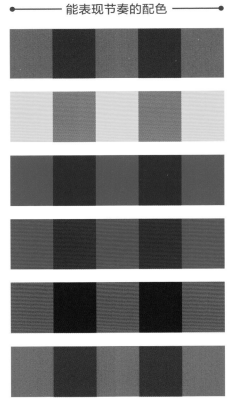

因背景使用同一色彩而显得单调时，可尝试交替使用其他色彩，这样单调的花纹也能变得生动。

◉ 能表现节奏的配色排版示例

整体采用近似色调，会使画面效果产生停滞。为了打破这种局面，可通过形状的重复来使画面产生活力。

星星形状的重复使画面产生节奏。即使色调不同，也能产生节奏。

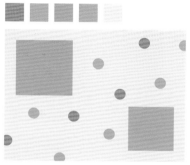

红色的圆形及水蓝色的圆形，在画面中形成节奏感。特别是红色较为醒目，能够提升整体效果。

上下移动的构图，深蓝色色块跳跃的节奏使画面产生活力。

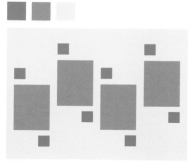

同色系的配色使画面呈现统一感，而相同形状的重复则为画面增添了跃动感。

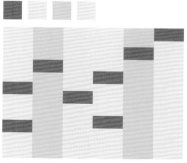

采用暖色系的配色，通过红色色块的动感使底色的成稳氛围更加充满活力。

② 强调色
[强调印象]

制造美感需同色系的配色，之前已经说明。但是，也存在优缺点。同色系的配色虽然效果美观，但也有单调的风险。不过，针对这种风险是有防备措施的，也就是强调色。在画面配色倾斜相反位置加入少量其他色彩，就能为画面增添活力。

◉ 强化画面的形象

浅色调虽看着舒服，但容易显得单调，会使人产生睡意。

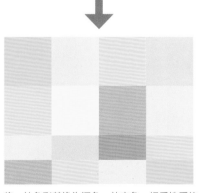

将一处色彩替换为深色、补充色、相反性质的色彩，就能使画面充满活力。

强调色的配色

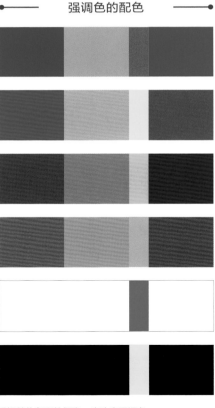

根据整体色彩的倾向，来决定强调色。

◉ 使用强调色的配色排版示例

相对于绿色系的画面，增加少量补充色（红色），能使画面增添活力，强化刺激。

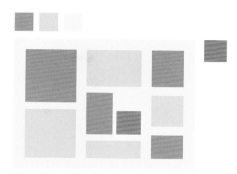

相对于蓝色系的安静画面，可通过增加少量补充色（橙色），来为画面增添活力，让人感觉醒目。

相对于蓝色系的稳定画面，增加少量补充色（黄色）即能增亮画面。

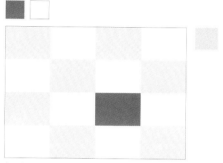

相对于灰白色的画面，只需加深一处色彩就能使整体画面增添活力。

相对于整体偏暗的微妙配色，加上带有相反性质的白色即能使画面增添活力。

相对于粉色的柔和构图，加入同一色相、彩度高的红色之后，便能使画面呈现活力。

③ **破格**
[细致鼓动]

整齐排列的物体中，一处出现错乱就是破格。破格在音乐及文学中也有出现，用于微妙打破单调的次序。破格并不是强调等深刻效果，而是施加极其细微的变化。引起破格的部分，只会产生微妙的变化。

◉ 微小的动态便能吸引目光

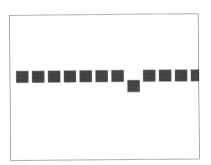

在横向排列的小正方形中，将右数第5个稍稍下移，就能吸引观看者的目光。

今天天气 **很好**！

一行文字，仅改变一个字的字号就能吸引观看者的目光，可以试着思考其中的内涵。

● —— 破格的配色 —— ●

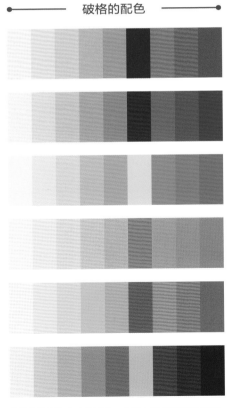

分层就是规律的色彩变化。仅在某个阶段加入其他色彩，便能引起破格。

◉ 能表现破格的配色排版示例

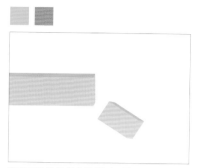

横向延伸的色带突然断裂，使画面产生动态的破格效果。

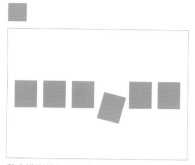

整齐排列的相同形状，只需错开一处便能使画面产生破格效果。

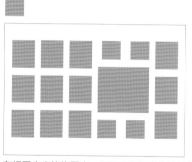

在相同大小的构图中，只需改变某部分的持续就能使画面产生破格效果。

将左右延伸的色带倾斜错开，便能产生破格效果。

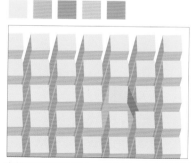

在排列立起的支柱中，仅改变一个支柱的色彩及朝向就能产生破格效果。

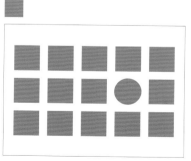

在方形排列的构图中，仅将其中一个方形改为圆形就能产生破格效果。

④ 分隔
[充分呈现]

排版最后阶段忌讳的就是发现不同分类内容的边界模糊不清。如果相邻内容之间关系不清，观看者也会感到混乱。解决这个问题的关键就是分隔。分隔就是在模糊不清的相邻部分加入边界线或缓冲带。

◉ **避免模糊不清**

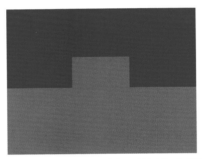

上下色彩近似，边界不清晰，会让观看者感到不安。

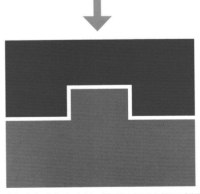

在相邻部分加入白色，使两种色彩之间形成缓冲带，即可让色彩区分明显。

分隔的示例

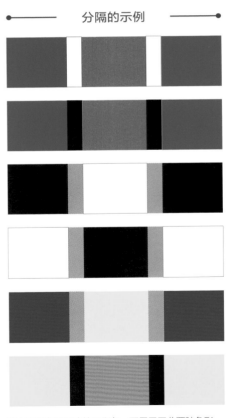

加入不受色调影响的无彩色，可用于区分两种色彩。

● 分隔的配色排版示例

相邻的蓝色及绿色的色调相近，容易相互融合，通过增加黄色的细色带即可分开两种主要颜色。

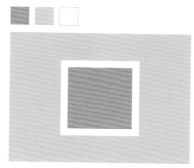

同色系相邻色彩的配色容易发生融合，而添加白色的缓冲带，即可清晰区分各种颜色。

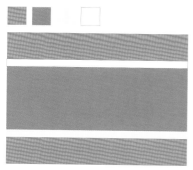

红色极其鲜艳，会完全压倒紫色而如果在两种主要配色之间设置白色缓冲带的话，紫色也能被清晰区分。

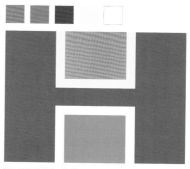

相对于蓝紫色的背景，绿色的效果不明显，可通过添加白色缓冲带，来突显绿色。

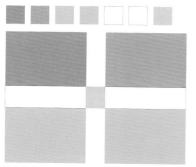

蓝色与绿色、桃红色与橙色易相互融合，会有损各自色彩的特点。而设置缓冲带，便可突显所有色彩的特点。

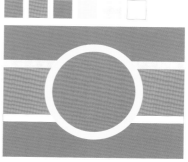

红色和绿色为补充色的关系，容易导致晕光产生。通过设置分隔，可防止这种问题。

06

⑤ 多色表现
[展现活力]

通常，配色及排版没有标准答案，需要依据提示的条件，灵活应对。因为任何事物都存在两面性，统一色调和多色表现就正好处于对立面。需要通过多色表现的多为派对、活动等相关的设计，多色配色也较为常见。

◉ 使用许多色彩制作出的缤纷花海

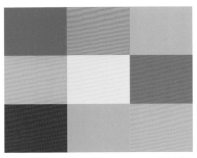

色调多的配色，犹如各种色彩彰显个性的热闹世界，如同喋喋不休的孩子，无比欢闹。

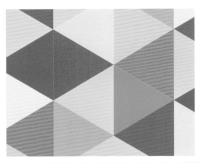

倾斜的构图能使画面表现出速度感，体现别样的成熟氛围。

— 多色的配色示例 —

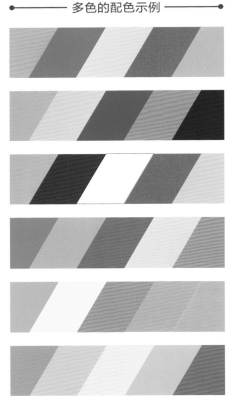

5种以上色调的配色就是多色表现，在狂欢节、玩具世界、游乐园等中会经常见到。

◉ 多色表现的配色排版示例

布置成格子花纹的各种色彩通过增加对比度，来使画面呈现光亮感，而多色的表现，也使整体效果更显绚丽。

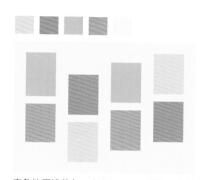

底色使用浅黄色，上方采用多色配色，仿佛欢闹的孩子。

倾斜构图就能呈现动感，再加上多色配色，使画面更显动感。

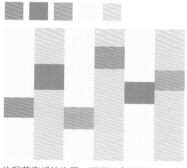

体现节奏感的构图，可通过多色配色来为画面增添活力。

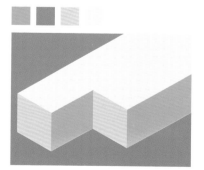

多色也能利用色彩亮度来进行配色，从而使画面获得立体感。

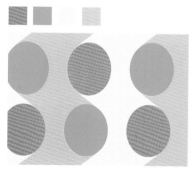

包含两种补色关系的多色配色，能充分表现出画面的跃动感。

装饰是趋近于人的本能

装饰设计的应用

曾经，"简洁至上"的观念影响了整个设计界。当今，"装饰至上"的观念已经得到普及。装饰与"游戏"也有相通之处，大部分人都有动手装饰的积极性，排版中也需要装饰。

◉ 简洁与装饰交替重复

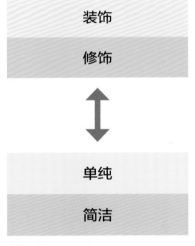

装饰和简洁交替采用。
这种效果也能反映于排版中。

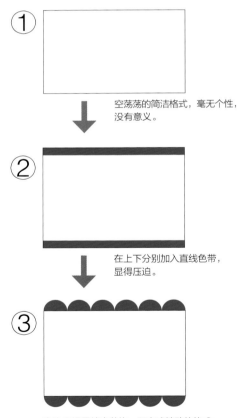

空荡荡的简洁格式，毫无个性，没有意义。

在上下分别加入直线色带，显得压迫。

在上下设置镂空装饰，即变成精致的格式。

● 装饰的效果

① 底纹

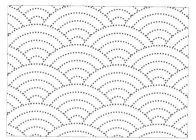

使用装饰排版时，底纹（背景）的影响会增大，底纹使用的关键是避免太过醒目。

② 框线

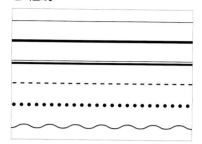

框线的作用多，种类也多。掌握其使用功能，就能在很多情况下派上用场。

③ 植物花纹

植物是能够在许多条件下都能使用的主题，能体现生命感及优雅。

④ 几何花纹

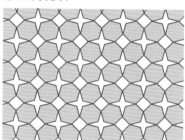

几何花纹使用圆规及尺子制作，无机倾向强，可在多方面使用。

⑤ 镂空花纹

花边花纹可用于表现华丽，特点是格调及优雅。

⑥ 华丽装饰

华丽装饰的用处很多，有时还会将华丽的装饰效果做成金箔等。

① 底纹

如果是人，每个人都有自己独特的气质。而在排版中，这种气质就相当于底纹。图和底纹的关系不可分割，如同基调色一样支配着形象，且不醒目，也就是一种气质。排版中的底纹几乎不被关注，但对形象却能产生较大的影响。

◉ 底纹注重潜在意识

在纯白的底纹上书写字母，除了这个字母以外没有任何信息。

波纹强烈的韵律感底纹，字母似乎驾驭不了。

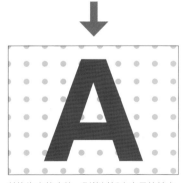

替换为点状底纹，则能衬托出字母的特点。

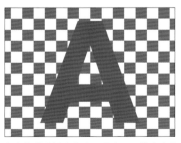

在方格花纹的底纹上设置字母，基本会使人无法正常阅读。所以，底纹太强烈也不行。

◉利用底纹的配色排版示例

使用网格线条的底纹，能使上方的文字显得闪亮。

波点底纹能为画面增添韵律及可爱感，让观看者心情愉悦。

倾斜的格纹，使直线的文字被突显出来。

使用实物主题的底纹，受此主题的强烈影响。

倾斜的底纹能很好地表现出动感及速度感，给人以充满能量的形象。

细密的植物叶片所构成的底纹，每一个叶片虽不清晰，但却能给人以置身于草原的感觉。

② 框线

线条的作用在第28页也有说明，承担其部分作用的就是框线。随着印刷技术的发展，框线的种类也随之增多。并且，各种框线被明确命名，得到重视。进入计算机时代之后，人们对框线的认识逐渐变得淡薄，但其功能仍然被继续留存。

◉ 用于边界、围框、区分等的框线

增加简单线条的粗度或条数，能使观看者感到强调的同时还具备柔和感。

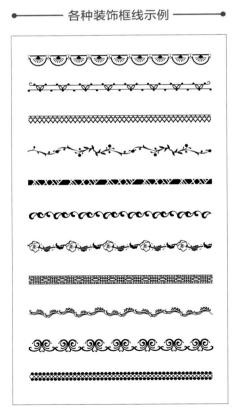

各种装饰框线示例

框线的名称：普通框线、装饰框线、花框线（以花为主题）。

◉ 使用框线的配色排版示例

承蒙长久以来照顾
希望今后继续合作

框线具有强调功能，带有下划线的文字特别醒目。

使用边界线，可使两个部分明确分开。地图的国境线也是采用的这种方式。

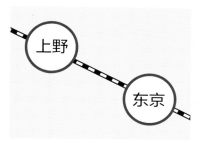

连接某个地点至某个地点的线就是连接线。火车的路线图就是采用的这种方式。

ABCD/EFGHI

打招呼 ／ 您好

难以连续阅读，需要区分时，可加入区分线。

使用某种符号分开，此图中所使用的是区分线。

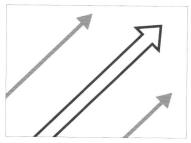

线条表示方向，箭头表示力量。

③ 植物花纹

底纹就是一种气场，无法通过表象来进行说明，与其接近的就是花纹。花纹既是背景，又能发挥设计元素的功能。窗帘、壁纸，这些都是具体价值的花纹。还有包装纸及书本的封面等，更重视信息传递。

◉ 植物及动物用于主题

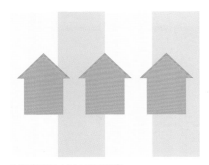

在条纹背景中加上房子图案。

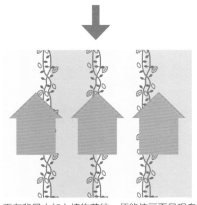

再在背景中加入植物花纹，便能使画面呈现自然氛围，这就是植物花纹的特点。

日式花纹

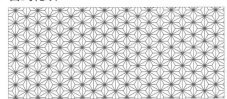

麻叶。日式花纹中常用的植物主题。

阿拉伯花纹

阿拉伯花纹基本都是植物花纹。

亚洲

中国传统花纹也多用植物主题，红色表示吉利。

⦿ 使用植物花纹的配色排版示例

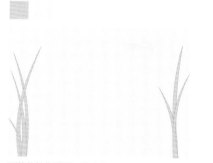

延伸的植物常用于纵向花纹，虽简洁，但生机勃勃。

茶蔗子等弯曲的植物花纹，可用于表现自然的优雅。

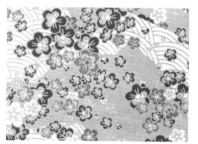

日式花纹有许多植物花纹。色彩的使用方法具有统一性，造型优美。

花适合作为装饰主题。图中为整面展开的花纹。

唐草花纹是丝绸之路时代广泛采用的花纹。

整面绽开的花朵花纹，能让人联想到花海。

装饰设计的应用

④ 几何花纹

相对于植物花纹，使用圆规或尺规制作的花纹就是几何花纹。几何花纹能表现出动态及力量，强调无机属性，能够让人放松。此外，几何花纹既能营造紧凑的氛围，又能创造出便于思考的空间。

⊙ 使用圆规或尺子制作的花纹

使用尺子制作的单纯花纹，其动态效果有趣，不需要考虑更多。

使用圆规制作的基础花纹，能让人感到弹性的波动氛围。

制作花纹的基础图形

基础A+基础B

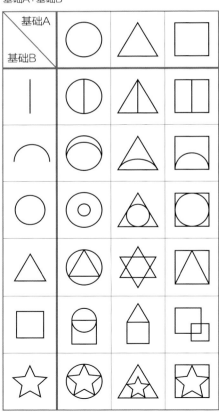

07

◉ 使用几何花纹的配色排版示例

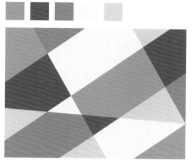

使用直线的花纹中，除了锐利及速度感，还能给人以机械的形象。

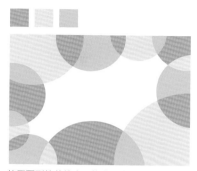

使用圆形的花纹中，能表现出弹性及柔软性。

方形花纹给人以机械、规律等形象。如果较多使用，还能产生韵律感。

三角形虎纹能呈现出锐利及光亮感，使画面表现出跃动效果。

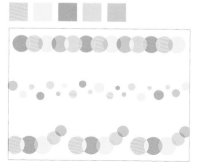

圆形花纹，可用于表现弹性的韵律及俏皮可爱的感觉。

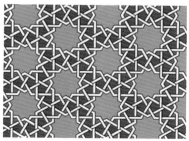

阿拉伯花纹是最具代表性的几何花纹之一，连续的花纹中蕴藏着多样的变化。

⑤ 镂空花纹

镂空花纹在路易十四的时代发展到顶峰，女性或男性都会将其穿在身上。纤细的设计和白色的组合，使其形成了可爱、高贵的气质。

镂空是装饰的极致效果，经典的时尚元素。随着镂空花纹的流行，成就了装饰时代。

● 接近一笔画的花纹

镂空花纹由相同部分连续对称制作而成。

相同部分无限循环加长，犹如一根线编织而成的花纹。

镂空花纹样本

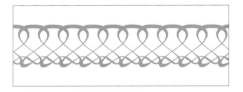

◉ 使用镂空花纹的配色排版示例

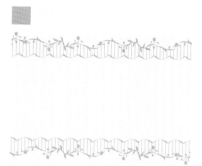

并不是单纯的植物花纹，而是与几何花纹组合制作而成的组合花纹。

使用镂空花纹围住的空间，使画面表现出了优雅、甜美的氛围。

看似花朵，实际是由各种素材混合而成的形状。

将各种镂空花纹用于线条中，可营造出精美的空间氛围。

相同部分的连续构图，强弱及波纹的相连，能使画面产生全新的动感。

图中为女性杂志及网站的排版中经常会使用到的花纹。

⑥ 华丽装饰

欧洲王室曾经使用的华丽装饰。运用王冠等象征形状，能表现出华丽感。以精巧的形状、金色为主的极彩色等表现华丽的同时，也是金钱与权力的象征。若想使排版华丽，通常会使用金箔设计。此外，宫殿等呈现的华丽设计效果也可作为参考。

◉ 华丽是偶尔才需要的形象

基本为左右对称的效果，朝向上方敞开，以表现华丽感。

以花为主题，形状之间不留间隙的填充设计，能给人以华丽感。

欧洲的装饰

日光东照宫的装饰

凡尔赛宫殿的装饰

Chapter. 5

关键在于掌握业界形象

各种题材的配色启发合集

设计师的工作往往会涉及各种行业。在图片、网站的排版过程中，若能给点启发便能让设计师的工作变得更加顺利。也就是，需要使用到各种题材的配色及排版的启发合集。

·本篇依据的是“色彩形象图表速查手册”。

color scheme
layout
design

Chapter. 5

01

金融

银行 · 证券

涉及银行及证券公司。说到金融，首先想到的就是金钱。但是，业界的基础是信誉及便利。所以，“坚实”的形象最为合适。

形象语言［坚实］

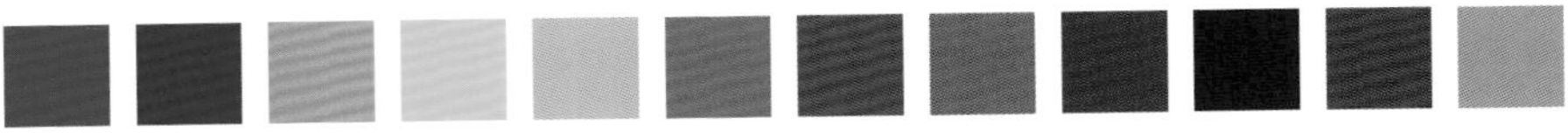

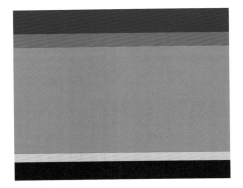

银行业务的氛围

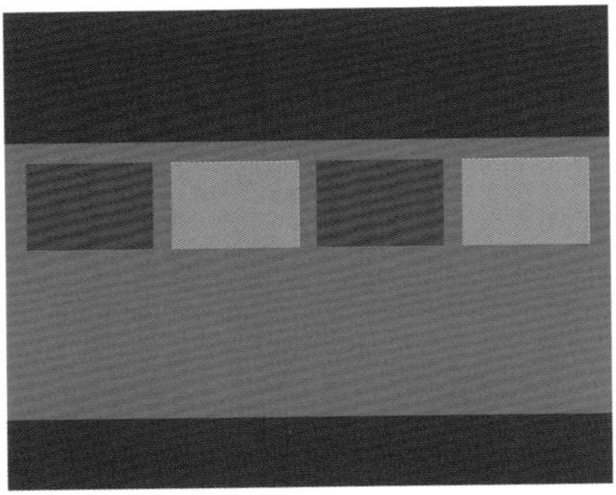

证券公司的形象

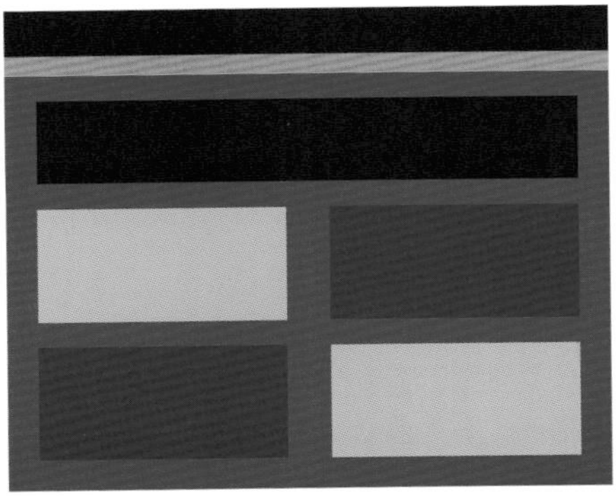

银行环境的氛围

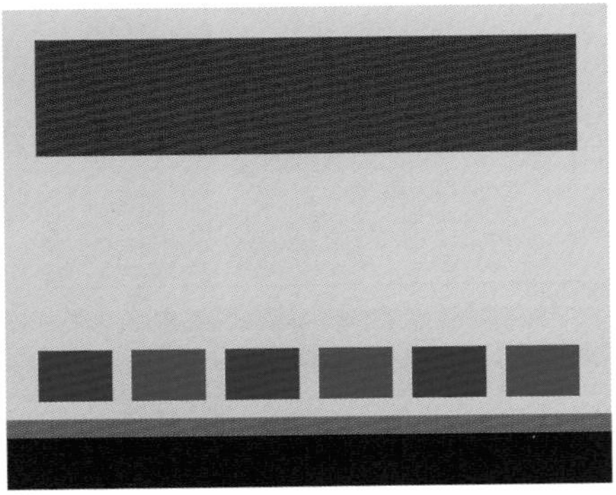

窗口形象

Chapter. 5
02

建设
建筑·设施·住宅

　　建设涉及建筑、设施、住宅。其形象浓厚，但建筑的结构还要能够经受住地震等不同的地质灾害，所以推荐使用"牢固"的形象。

形象语言 [牢固]

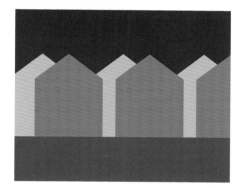

独栋住宅

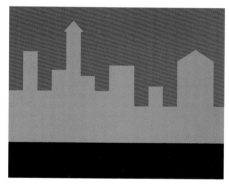

城市建筑

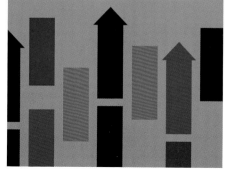

高速发展的城市

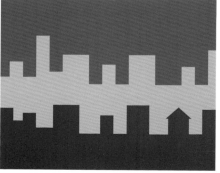

重合的建筑

03

房屋
租房 · 贷款买房

房地产的业态形式可分为租房及贷款买房等。正因为是高价商品，应避免廉价形象。所以，具有稳健、可靠等特点的"厚重"最为合适。

形象语言 [厚重]

公寓的形象

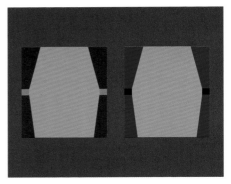

建筑的窗户

别墅住宅

建筑物造型设计

Chapter. 5
04

休闲及体育
兴趣·娱乐·体育用品

　　这类行业的业态形式复杂，难以用一种形象来表现。
所以，以动态为主线，可采用"运动"的形象。

形象语言 [运动]

游乐园的摩天轮

卡拉OK

帆船

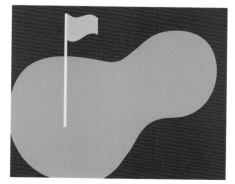

高尔夫球场

旅行
休假 · 酒店

　　旅行必须经历到达目的地的过程。因此，可以以动态及交通工具为主题。旅行本身是指在世界各地"散步"，因此，"世界风"的形象最为适合。

形象语言 [世界风]

休闲形象

山川风景

交通工具

海与船

Chapter. 5
06
汽车
汽车·摩托车

　　汽车业界实际采用的汽车色彩多种多样，但能给人以印象深刻的色彩形象等则会更为醒目。所以，可选择目前主流的"混合动力"形象。

形象语言［混合动力］

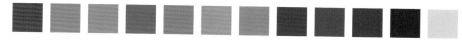

行驶中的汽车

从前方看的汽车

停下的汽车

车展

07

汽车用品
零部件·二手车

　　汽车零部件及二手车相关业态形式大多为大型物品或充满活力的氛围。但是，均为实用性物品，所以选择"实用"形象最为合适。

形象语言 [实用]

后视镜中的后方车辆

轮胎

方向盘

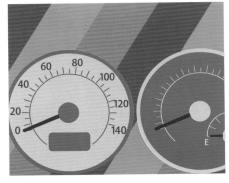

仪表盘

Chapter. 5
08

通信及电波
网络·电视

通信或网络都要使用电波。说到电波，不仅在地球上传播，甚至还延伸至宇宙。所以，可选择"宇宙"作为形象。

形象语言 [宇宙]

城市中的电波

电波发射塔

接收电波的天线

通信设备

IT相关
软件·应用程序

现代生活的核心就是IT相关。IT发挥的作用就是生活信息化，也可以说是城市功能。所以，可选择"城市"作为形象。

形象语言 [城市]

台式电脑

笔记本电脑

平板电脑

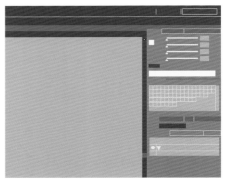

软件工作界面

Chapter. 5
10

游戏
玩具·家庭游戏机

游戏行业是当今的一大产业。游戏的形态也是多种多样，爱好者也在不断增加。基本上，玩具或游戏都能给人带来欢乐，所以可选择"愉快"的形象。

形象语言 [愉快]

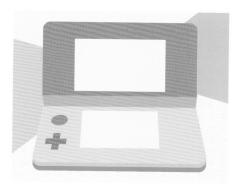

小型游戏机

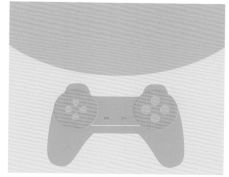

游戏机手柄

人形智能机器人

电玩中心的形象

Chapter. 5
11

手机
移动终端

　　手机已经从随身携带的电话发展成为随身携带的小型电脑时代，几乎是所有人的必备物品，因此，使用"轻便"形象较为合适。

形象语言［轻便］

智能手机

翻盖手机

触屏操作

智能手机的应用程序

Chapter. 5
12
互联网广告
横幅广告 · LP广告

互联网广告因高出电视广告的总费用，而最受重视。广告提供方的制作目的是为了创造乐趣，所以可以将"快乐"作为其形象。

形象语言［快乐］

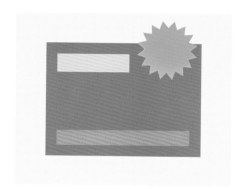

横幅广告的形象

智能手机的画面

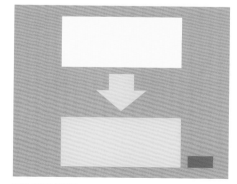

网站横幅的形象

网站首页

Chapter. 5

13

家电
家电 · 电子零部件

　　家电行业的发展日新月异，对产品的要求就是功能性。
在功能不断发展创新的同时，设计则以"简洁"为主流。

形象语言 [简洁]

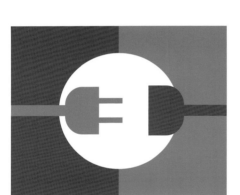

家电必需品插座

熨斗

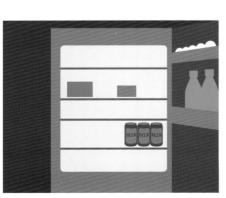

冰箱

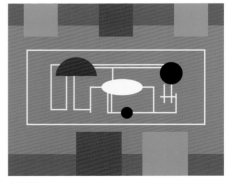

电路板

172

运输

物流 · 搬家

　　可以说物流就是生活的大动脉。现如今，已经进入网购时代。如果没有运输行业，网店也就无法存活。运输需要的就是速度，所以选择的形象为"快捷"。

形象语言［快捷］

运输货车

货物

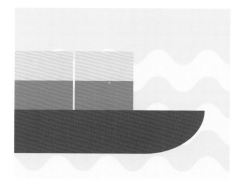

集装箱运输船

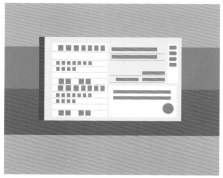

快递单

Chapter. 5
15

零售
百货商店・建材中心

零售行业已经产生巨大变化，但始终未变的就是购物的乐趣。零售或许也是一种户外活动，所以采用"街头"的形象比较合适。

形象语言［街头］

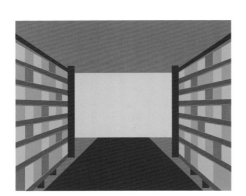

建材中心的店内形象

大型门店的氛围

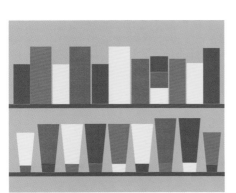

百货商店的货柜

整齐排列的货架

Chapter. 5

16 航空
航空公司

　　航空公司的竞争日趋激烈，速度是胜负关键，但对安全的信任则最为重要。所以，可选择能给人以准确、安全的"机械"形象。

形象语言［机械］

空中飞行的飞机

滑行的飞机

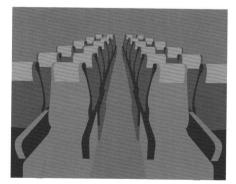

飞机中的乘客席

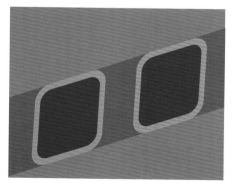

飞机的窗户

超市
小型超市·便利店

维持生活的物品包括食品、饮料、杂货等，涉及这些的行业充满活力。考虑到打折活动等氛围，所以选择了"活动"形象。

形象语言 [活动]

小型超市的入口

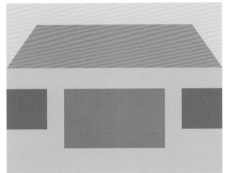

大型超市的门脸

购物车

琳琅满目的商品陈列

Chapter. 5
18 弹珠机
娱乐·电玩中心

　　弹珠机等电玩相当于平民的博彩工具。电玩中心等娱乐场所总是播放着音乐，充满活力。所以，可采用"热闹"形象。

形象语言［热闹］

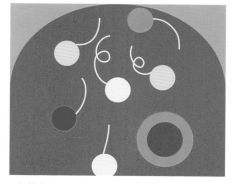

飞舞的弹珠

老虎机

中奖的形象

弹珠机运转的氛围

日用品
洁厕液 · 洗衣液 · 沐浴露

日用品的品质及种类日益丰富，例如其中的洁厕液便是能实现高效清洁的商品，属于必需品。因此，该行业整体通用的形象就是"洁净"。

形象语言［洁净］

洁净的马桶

厕纸

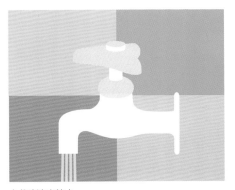

水龙头流出的水

肥皂的气泡

制药

医药品·眼药

医药的进步令人瞠目结舌，药店的形象也随之焕然一新。有利于健康及保健的医药是不可或缺，因此，使用"卫生"的形象最为合适。

形象语言［卫生］

药瓶和标签

胶囊

种类丰富的药片

注射剂

通信销售
网店

现如今网店的销售额逐步增长，丰富多彩的商品让人应接不暇。网店让人感到轻松、便捷，所以可使用"轻松"作为其形象。

形象语言［轻松］

购买的形象

各种相关商品信息

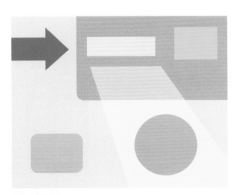

网购的形象

购买商品的确认及结算的形象

Chapter. 5
22

百货
文具·内饰小物品

　　百货的世界充满乐趣，百货在生活中的地位也在逐步提升。说到百货，让人感觉轻便好用，所以可采用"舒适"作为其形象。

形象语言［舒适］

笔记本等文具

餐具及灶头

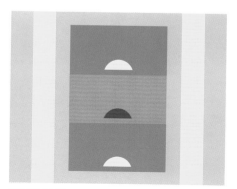

储物柜及抽屉

厨具

Chapter. 5

23 餐饮店及美食
快餐店 · 零食店

在美食遍地的当代社会，通过电视及手机便能够轻松地找到各类餐饮店。民以食为天，而人类则会不自觉地去追求"美味"。

形象语言 [美味]

西式快餐店的形象

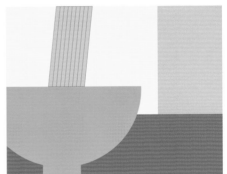

拉面店

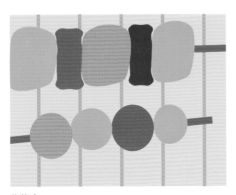

烧烤店

烹饪的形象

Chapter. 5
24
酒馆
酒吧 · 餐厅

　　酒馆总是充满了欢声笑语。此外，还有装修前卫的酒吧、轻松的奶茶店等。目的相同，都是为了维持"亲密"关系。

形象语言 [亲密]

酒馆的灯笼

酒壶和酒杯

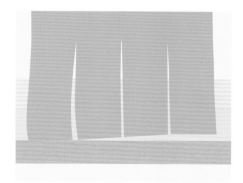

酒馆的暖帘

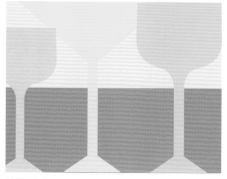

精美的酒杯

Chapter. 5
25

食品
点心 · 面包 · 蛋糕

当今的甜点已经不是餐后点心这么简单了，其品种丰富多样。整体行业的形象给人以"美味"之感。

形象语言 [美味]

生日蛋糕

陈列的面包

冰淇淋

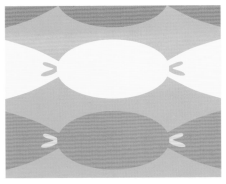

糖果

26

饮料
果汁·啤酒·酒

当今饮料行业持续激烈竞争。人们一手拿着饮料去上班的场景并不少见，而饮料的魅力就是"爽快"。

形象语言［爽快］

碳酸饮料

玻璃杯中倒入饮料

罐装饮料的拉环

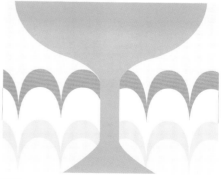

酒杯

Chapter. 5

27

化妆品
美容品·美甲

　　以前化妆是女性的专利，而现如今的男性或女性都有自己的化妆品。虽说如此，女性仍然是化妆品行业的最大客户群。所以，采用"女性"形象较为合适。

形象语言［女性］

唇及口红的形象

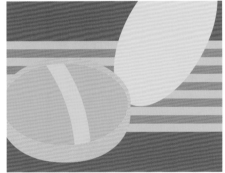

粉盒和粉扑

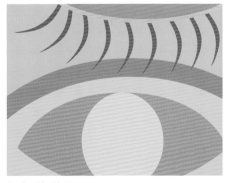

假睫毛的形象

美甲的形象

时尚

服饰 · 眼镜

　　时尚能给生活带来滋润及刺激，特别是女性对别人的眼光较为敏感，其目的就是"优雅"的生活。

形象语言［优雅］

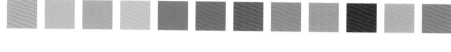

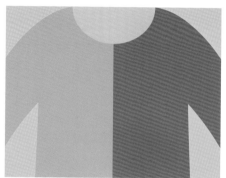

上装

精心设计的眼镜

短裙

趣味的帽子

印刷
出版·广告单

计算机技术的发展加速了无纸化时代的到来，但实际的印刷需求并未减少。印刷内容就是时代的潮流信息，即"前卫"的世界。

形象语言［前卫］

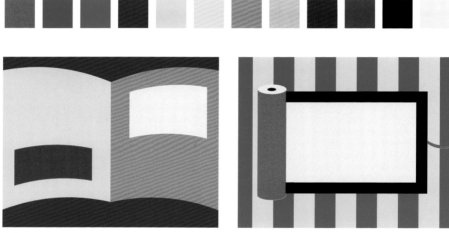

杂志

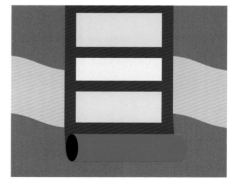

卷轴

单行本

装饰海报

婚礼
结婚仪式·结婚宴会

　　婚庆行业随着时代发展，除了影像资料，很多特殊的方式被不断更新替换。但是，不变的就是新娘的"美丽"。

形象语言［美丽］

新娘的手捧花

爱之结合的婚礼形象

婚礼教堂的形象

宣誓相爱的形象

色彩形象索引

p1 p3 p5 p7 p9 p11 p13 p15 p17 p19 p21 p23

c1 c3 c5 c7 c9 c11 c13 c15 c17 c19 c21 c23

m1 m3 m5 m7 m9 m11 m13 m15 m17 m19 m21 m23

y1 y3 y5 y7 y9 y11 y13 y15 y17 y19 y21 y23

f1 f3 f5 f7 f9 f11 f13 f15 f17 f19 f21 f23

t1 t3 t5 t7 t9 t11 t13 t15 t17 t19 t21 t23

s1 s3 s5 s7 s9 s11 s13 s15 s17 s19 s21 s23

h1 h3 h5 h7 h9 h11 h13 h15 h17 h19 h21 h23

hd1 hd3 hd5 hd7 hd9 hd11 hd13 hd15 hd17 hd19 hd21 hd23

fa1 fa3 fa5 fa7 fa9 fa11 fa13 fa15 fa17 fa19 fa21 fa23

mt1 mt3 mt5 mt7 mt9 mt11 mt13 mt15 mt17 mt19 mt21 mt23

pn1 pn3 pn5 pn7 pn9 pn11 pn13 pn15 pn17 pn19 pn21 pn23

e1 e3 e5 e7 e9 e11 e13 e15 e17 e19 e21 e23

d1 d3 d5 d7 d9 d11 d13 d15 d17 d19 d21 d23

w0 k10 k25 k40 k50 k60 k75 k90 k100

后记

打破排版的壁垒

　　排版效果会对观看者直接产生影响。设计师虽能在实际操作过程中逐渐熟练掌握排版技术，但是，排版还需要打破"配色"这个壁垒。因此，将色彩相关知识汇总于本书中。

　　我是一名美术印刷设计师，同时也是色彩专家。将配色和排版联系到一起就是我的工作，所以才有了执笔完成本书的想法。

　　本书中，收录了许多在排版时受到的各种启发。在数字色彩呈现丰富效果的过程中如何正确利用成为重大课题。本书就能为您提供一些解答。

　　本书经过所有编制人员的努力才得以完成，在此特别感谢五月女理奈、五味绫子等。此外，还要特别感谢我在数字好莱坞大学的学生得惠子在图书出版方面的帮助。

　　最后，对特意为我推迟一个月发行本书的Graphic出版社的永井麻里表示感谢。

作者

参考资料及文献

·《色彩表现》
　南云治嘉著
　（Graphic出版社）

·《约翰·伊顿色彩论》
　大智浩著
　（美术出版社）

·《色彩和配色》
　太田昭雄、河原英介著
　（Graphic出版社）

·《色彩形象图表速查手册》
　南云治嘉著
　（Graphic出版社）

·《数字色彩设计全能书》
　南云治嘉著
　（Graphic出版社）

- 学习色彩的各位
  本书收录的是配色的基本图表。如有想进行色彩感觉的演练，请利用演练专用书籍。

- 将"色彩形象图表"用于企业的各位
  色彩形象图表正在逐渐地成为世界标准，所以在配色中请使用此图表。可以避免配色中的传达失误。

- 对于色彩的疑问或是工作上的合作
  请联系 上海南芸治嘉文化传播有限公司
  TEL：15121017404（张小姐）
  E-mail：nagumo@haru-design.net

日文书名：説得力を生む 配色レイアウト
Color scheme layout
© 2017 Haruyoshi Nagumo
© 2017 Graphic-sha Publishing Co., Ltd.
This book was first designed and published in Japan in 2017 by Graphic-sha Publishing Co., Ltd.
This Simplified Chinese edition was published in 2019 by China Youth Pubilishing Group.
Chinese (in simplified character only) translation rights arranged with
Graphic-sha Publishing Co., Ltd. through CREEK & RIVER Co., Ltd.

Creative staff of Japanese Edition
Cover Design/ Text Layout/ Images: Rinako Soutome
Images: Ayako Gomi, Keiko Toku

律师声明

侵权举报电话

全国"扫黄打非"工作小组办公室　　中国青年出版社
010-65233456 65212870　　　　010-50856028
http://www.shdf.gov.cn　　　　　　E-mail:editor@cypmedia.com

图书在版编目（CIP）数据

配色方案全能书 /（日）南云治嘉著；普磊译 . — 北京：中国青年出版社，2018.12
（大家一起学配色）
ISBN 978-7-5153-5431-6
I.①配… II.①南… ②普… III.①排版 - 配色 IV.① TS812
中国版本图书馆 CIP 数据核字（2018）第 284727 号

版权登记号：01-2018-2367

大家一起学配色：配色方案全能书

[日]南云治嘉 / 著　普磊 / 译

出版发行：中国青年出版社		印　　刷：	北京瑞禾彩色印刷有限公司	
地　　址：北京市东四十二条 21 号		开　　本：	880 × 1032 1/32	
邮政编码：100708		印　　张：	6	
电　　话：（010）50856188 / 50856199		字　　数：	240 千字	
传　　真：（010）50856111		版　　次：	2019 年 3 月北京第 1 版	
企　　划：北京中青雄狮数码传媒科技有限公司		印　　次：	2019 年 3 月第 1 次印刷	
		书　　号：	ISBN 978-7-5153-5431-6	
责任编辑：张　军		定　　价：	65.80 元	
助理编辑：杨佩云				

封面设计 / 版式设计：[日]五月女理奈子
配色数据制作人：[日]五味绫子　[日]得 惠子

本书如有印装质量等问题，请与本社联系　电话：（010）50856188 / 50856199
读者来信：reader@cypmedia.com　　投稿邮箱：author@cypmedia.com
如有其他问题请访问我们的网站：http://www.cypmedia.com